超圖解

木作

工法百科

從基礎到進階工法，按流程照步驟逐一拆解，

施作要點 × 監工細節 × 設計一次到位

Contents 目錄

木作工法施作順序解析

木作可塑性高又變化多端，在裝潢中扮演著相當重要的角色，無論天花板、櫃體、門扇，抑或是想要創造出獨特的造型設計，都必須透過木工才得以完成，可說是室內設計中不可或缺的要角。此章節解析木作工法施作順序，點出施作過程相關注意事項，更將施作工序中常見錯誤、對應材料常遇問題加以說明，不怕做錯工、甚至做白工。另外，因應現代裝潢趨勢，已有設計業者將向來是花費、佔比較高的木作工程，朝木工製程系統化做發展，本章節一併說明何謂木工系統化，了解相關工序如何做到既能省下工班師傅工資，也能提高施工品質、成功率。

專業諮詢／摩利橡樹室內裝修有限公司負責人石德誠、艾馬室內裝修設計

木作工法施作順序

Step 1　圖面溝通

Step 2　現場放樣

Step 3　了解製作細項

Step 4　打底、完成基礎結構

Step 5　粗胚完成

Step 6　上表面材

Step 7　細節收尾

Plus⁺ 施作過程注意事項

Plus⁺ 施作工序錯誤常見問題

Plus⁺ 施作工序對應材料常見問題

Plus⁺ 木工系統化

木作工法施作順序

Step 1　**圖面溝通**

木作工程準備進場施作前，設計師或工程工務會先和木作師傅進行圖面溝通，用意在於初步了解整體木作相關的設計為何。由於木作工程相當的繁瑣，且又常和其他工程相結合，有了初步的圖面說明，就可以整個空間木工施作的情況。

攝影＿Acme

Step 2　**現場放樣**

放樣在木工施工過程中佔最小部分，但卻是最重要的一項步驟。放樣主要是先以雷射儀投線，再運用墨斗（即畫長線工具）彈出線，將要施作的物件位置標記出來。按照設計圖在現場以1：1做放樣之後，再依據實際情況適時地調整尺寸。

圖片提供＿摩利橡樹室內裝修有限公司

Step 3　**了解製作細項**

施作前木工師傅一定會取得一套完整的施工圖，包含立面圖、剖面圖、平面圖、大樣圖及材料說明，藉由完整圖片了解製作的細節。

攝影＿Acme

Step 4 | **打底、完成基礎結構**

木作塑形前，會先利用骨架、角材等進行打底，將天花板、櫃體等基礎結構建構出來，有了初步雛形後再接續下一步。這時候同時間還會有其他工種加入，如空調、照明等水電管線的定位和數量，同時一併對照水電圖看是否一致。

攝影＿王玉瑤　設計施工＿日作空間設計

Step 5 | **粗胚完成**

由於骨架之間需要製作一個平整面才能進行表面材的裝飾，因此在骨架完成後，多半會利用矽酸鈣板、夾板等進行封板，封板完成後，已具備成品大體面貌，即粗胚完成，可進入到下一個工序。

攝影＿ Acme

攝影＿ Acme

Step 6 | **上表面材**

木作天花板、隔間、櫃體等,表面通常都會再做表面裝飾,最常見的是貼木皮、貼美耐板、噴漆,或是上特殊塗料等。實木皮會多一道工序,即在表面上一層木料漆,美化的同時也保護櫃體。

圖片提供__摩利橡樹室內裝修有限公司   攝影__Acme

Step 7　**細節收尾**

確認施作成品是否有符合原本設計，其次則是檢查垂直水平線是否平直、表面是否平整，有無出現翹曲、凹凸面，甚至是對花不齊的情況，尤其在邊角、轉接、銜接……等枝微末節最容易出現瑕疵，仔細檢查，發現問題做即時做處理，直到完善。

圖片提供＿＿摩利橡樹室內裝修有限公司

完成

木作工程倘若能更留心各項細節，減少後續產生失誤問題的頻率，甚至在和其他工程的配合，也能銜接得宜、更加順暢。

1. 統一集中由一人專門做放樣

木作在裝潢過程中佔相當大的比例，且又常與其他工種結合，若條件允許，擁有多年工務經驗暨摩利橡樹室內裝修有限公司負責人石德誠建議，放樣時，除了集結所有工種師傅一起參與，做現場進行勘驗之外，最好統一由一人專門放樣，好處在於可獲得一個統合放樣的結果，反之，若是由各個工種自行放樣，容易變成各做各的，且沒有一個基準。

2. 藉由實際放樣動作校正尺寸

放樣前，石德誠建議應先找出該工地案場的基準線，接著才是進行放樣，這樣做能確保每一個新做隔間的垂直、水平位置會落在相同點上，降低出現「大小頭」的機率。定好基準線後，再依據圖面逐一確認每個空間、每項設備或細節的尺寸，因圖面與現場無法百分之百吻合，也藉此機會按現場環境做尺寸的校正。

3. 擬定好相關的施工進場計畫

裝修工程牽涉的工種相當複雜，而且每一個工程的銜接都有其次序，若弄錯了次序不但可能造成工程失誤還多花冤枉錢。通常泥作工程完成後，即木工進場施工，曾有過泥作師傅因另有工程在忙，便先讓木工進場並釘好天花板，沒想到造成浴室貼磚時天花板的空隙留太大，只好將白縫填平收尾，影響了美觀，拖到工程時間。

統一由一人專門放樣，好處在於可獲得一個統合放樣的結果。　圖片提供＿摩利橡樹室內裝修有限公司

放樣前先找出空間的基準線，而後才進行放樣，這樣做能確保每一個新做隔間的垂直、水平位置會落在相同點上。　圖片提供＿摩利橡樹室內裝修有限公司

4. 現場問題立即反應即時解決

木作工程雖是按設計師提供的圖面進行施作,但真正進行時又會是另一回事,有些問題到了實際施作才會浮現。石誠德分享,在施工過程中,曾有師傅發現到若按圖面施作會出現尺寸無法吻合,又或是粗胚施作過程呈現無法收尾的情況,這時必須在現場和師傅們一起做討論和調整,好讓問題得以解決,工程順利進行下去。

5. 記得專挑看不見的加以檢查

石誠德分享他個人的監工習慣,固定每天都會到案場巡一次,了解現場進度、狀況外,也會專挑「看不見」的加以檢查。工程前期,粗胚完成時會再次核對位置、尺寸等,若有要做異材質銜接,所需的預留溝縫也會加以檢視;走到工程中間階段,像是黏貼完木皮後,收邊處就是檢查的重點,細看邊角處是否如實修齊。

在現場和師傅們一起做討論和調整,好讓問題得以解決。　攝影＿ Acme

記得要專挑看不見的加以檢查。　攝影＿ Acme

光一個木作工程就含括：天花板、隔間、櫃子等細項，更別説還要與其他工種的配合，雖然施作次序沒有絕對，但務必依實際現況做擬定，否則順序一旦打亂，影響品質還拖到工程時間。

1. 木地板切勿太早做，小心材質遭受破壞

有些工程容易產生「汙染」，一旦沒留意，將相對「細緻」的東西先做，很容易在施工時不小心就被刮到、噴到，或是弄壞。像是早一步先鋪了木地板，後面才做木作櫃，施作過程中材料搬進搬出、施工敲打等，都很容易使木地板被碰撞或刮傷。

2. 天花、隔間次序顛倒，隔音效果大打折

一般來説，建議先做輕隔間再做天花板，這樣才能達到較好的隔音效果。原因在於，先施作輕隔間，隔間高度便會做到至頂，有效區隔各個空間達到完全密閉的效果；若是先做天花再做隔間，聲音容易經由天花之間的空隙流傳，導致隔音不佳的情況。

3. 留心施作工法，防衛接處產生龜裂疑慮

究竟先鋪木地板再架設訂製櫃？還是先做訂製櫃再安裝木地板？雖然沒有絕對，但石誠德建議要留意木地板的鋪設方式為何，因鋪木地板分漂浮式與平釘式施兩種工法，若選的是漂浮式工法，因不打釘固定，這時櫃體一旦後做，櫃子立於上方易產生移動情況，然而移動對於跟壁面的接合處就容易有龜裂的疑慮。

4. 各個工程彼此沒安排好，耗時又傷財

木工在做天花板之前，水電就必須接好各式燈具開關的線路，並在每條線路上標明是哪個燈具的線路，同時也要告知木工師傅燈具要開在哪。甚至有的要包覆冷氣，以吊隱式冷氣為例，除了機身外，還需裝設排水管與製作洩水坡度等，這時水電工程就必須提前進場做預埋動作，否則待天花板完成再做二次施工，耗時又傷財。

5. 每一項工程施作的時間千萬別卡太緊

施工過程中一定會有突如其來、不可控的問題發生，因此石誠德建議每項工程施作時間勿卡太緊，排程銜接上也勿太緊湊，預留一點緩衝期，倘若真遇突發狀況，還有時間可以做調整甚至是補救。

木地板工程勿做得太早，以免木地板被刮傷損壞。

攝影＿王玉瑤　設計施工＿日作空間設計

每項工程施作時間勿卡太緊，預留緩衝期較佳。

攝影＿ Acme

⚙ Plus+　施作工序對應材料常見問題

相關木料、五金都是促成一件件漂亮木作設計的重要推手，施作時除了加以留心材質的特性，也要注意工序步驟，甚至因應環境條件做材質的選用，才能避免不必要的問題發生。

1. 角材在黏膠、打釘步驟上馬乎不得

木作工程進行時，角材運用相當頻繁，同時也是用來固定天花板和建築物樓板之間重要的銜接面，因此要確實接合才行，特別是在黏膠和打釘這兩步驟皆馬乎不得，否則天花板會產生裂縫，嚴重一點更可能造成下陷。

2. 木心板選用時要留意區域環境條件

木心板為上下外層為約 0.5mm 的合板，中間由木條拼接而成，且根據中間拼接木條木種的不同，其堅固程度也有落差，一般市面上可大致分為麻六甲及柳安芯兩大類。雖然木心板具耐重力佳、結構紮實，以及不易變形等優點，但本身防潮力較差，家中潮濕區域則要避免選用木心板做裝修。

木心板防潮力較不好，家中潮濕區宜避免選用木心板做裝修。　攝影＿ Amily

3. 異材質交接處要格外留意裂縫問題

裝潢過程中，常遇到要以木板封板、木作櫃與隔間牆面相接，或是木板與水泥牆銜接等，當不同材質進行相接時，很容易產生裂縫，這時在封板時建議一定要整面封板，而非只針對洞口或小塊面積封，這樣很容易因相異材質交接而產生裂縫。

4. 鋪設防潮布好阻擋濕氣滲入木作內

台灣本身濕氣比較重，若事先裝潢時已先知該區域相對潮濕，在施作木作時因加以防範，以免因為受潮而引發嚴重後果。可在潮濕處新做櫃體安裝前，在壁面與木作之間加一層防潮布，好阻擋濕氣滲入木作內，破壞木料。

黏膠、打釘步驟馬乎不得。
攝影＿王玉瑤　設計施工＿日作空間設計

5. 安裝五金留意板厚也要避逸沾粉塵

西德鉸鍊是木作櫃體最常使用的五金之一，因櫥櫃門片有「蓋柱」（門板蓋起看不到側板）與「入柱」（門板內退與側板對齊）之分，通常蓋柱常見蓋 3 分、蓋 6 分兩種形式，選五金時也要同步留意板材厚度，才不會有不好開啟的情況產生。另一常見五金為滾珠／鋼珠滑軌，它能有效將抽屜拉抽出來，要注意的是，滑軌若沾黏上粉塵會影響操作性，建議裝潢過程中，裝置完成後要注意防塵，以免粉塵跑入影響軌道的使用。

選五金時也要同步留意板材厚度，才不會有不好開啟的情況產生。　　　　攝影＿ Acme

🔧 Plus+　木工系統化

裝修項目中，木作向來是花費和佔比較高的工程，但隨著工班團隊出現人口老化、人才短缺現象，以及各縣市依據《噪音管制法》制定噪音管制區內禁止行為及管制區域與時間，使得能施工的期間縮短，且又須在主管機關發送施工許可證後，限期依照核定圖說施工完竣。種種因素之下，為了能如期完成裝修，有設計業者將木工製程系統化。木工系統化除了能因應產業面臨的難處，也帶來許多優點，對於裝修業主來說，既能省下工班師傅工資，也可提高施工品質和成功率。

1. 自動化程序，施工快速、也省力

相較於傳統木工須大量人力作業，木工系統化為工班於工廠採機械、自動化程序製作。艾馬室內裝修設計執行總監黃仲立指出，在工廠運用機械裁切板材，時間從人工 3 ～ 5 分鐘縮短至 1 分鐘；在塗佈強力膠階段，傳統師傅以刮刀徒手方式塗一面膠體，約需要 5 ～ 7 分鐘，改為機械噴槍後約 2 分鐘即可完成；在壓合部分，採自動壓合機製作過程也僅需約 30 秒，比起師傅以鐵鎚人工敲擠壓合一面板材 15 ～ 20 分鐘快很多，也相對較省力；封邊程序採自動封邊機，過程約 3 分鐘即可能完成，相較人工封邊的 15 分鐘，速度快了 5 倍之多。對於設計公司、廠商來說，木工系統化裝修，不僅可以節省時間、提高產品的品質，還能提高整體效率。

2. 自動化品質提高，提升設計師創意思考

木工系統化裝修在工廠使用大型機具裁切、塗膠、壓合、修邊、封邊等製程。因機械自

動化特性，能提高板材裁切尺寸精準性，只要在電腦輸入長、寬尺寸，即可減少人工測量裁切的誤差值；也能透過機械噴槍，讓膠體均勻散佈在板材上，以避免傳統塗膠方式分布不均，可能產生脫膠、脫皮情況，影響板材成品美觀，或是出現中空的狀況；自動壓合機也能讓板材完整受力，擠出空氣、避免產生氣泡，提升板材的黏合度；在工廠使用自動修邊機，能讓師傅無須花費太多時間翻動板材、調整角度；自動封邊機則僅需要師傅轉動板材，就可以將邊條貼得平整。自動化的過程，大大降低人為誤差，減少修改次數，甚至能減低製程中的失敗率。黃仲立表示，這樣的優點也能讓設計師了解，現今的技術能做到更細緻、品質更好、成功率高的成品，因而願意再發揮巧思，挑戰更具創意的設計，讓造型愈精進。

3. 縮短工地現場器械噪音、減少粉塵瀰漫

隨著國人居家生活品質意識提升，噪音干擾也成為眾矢之的。因此各縣市府依據《噪音管制法》公告噪音管制區內在特定的時間內，不得使用動力機械從事裝修工程，以妨礙他人居家生活安寧，且若經主管機關稽查，發現確實有違反他人生活安寧狀況，業主不但會被依法告發、限期改善，還可能會被處以行政罰鍰，大傷荷包。而過去也有許多案例為了如期完工，在規定時間內裝修，鄰居不堪其擾，向主管機關檢舉，甚至向媒體申訴，躍上新聞版面。因此，為了降低擾鄰狀況，廠商有情門表示，在系統化的製程中，工班師傅在工廠使用機器輔助，能預先在工廠完成裁切、膠合、修邊、封邊等程序，安裝工程人員在工地現場只需要組裝物件或是定位，不但省力、省時，更可以縮短安裝人員使用機械裁切的時間，也意味著，能減少噪音擾鄰的狀況，維護周邊住家的生活品質，同時也能減少工地現場瀰漫粉塵，維護現場空氣品質、工地整潔。

相較於傳統木工須大量人力作業，木工系統化為工班於工廠採機械、自動化程序製作。

圖片提供__艾馬室內裝修設計

木作在系統化製程中，工班師傅在工廠使用機器輔助，能預先在工廠完成裁切、膠合、修邊、封邊等程序，省時又省力。　　圖片提供__艾馬室內裝修設計

天花板木作工法實例解析

天花板的作用大多是為了修飾管線及設備，天花高度訂定須從可完全隱藏做考量，但由於原始 RC 天花不夠平整，因此骨架須進行水平修整，此一動作將影響後續面材施作，與完成面視覺美感，應確實執行。造型上除了常見的平頂天花板，另還有造型天花板、間接照明天花板、洗牆式照明天花板、格柵天花板，甚至也有設計者利用系統板材進行創作，效果媲美木作，施作上也可減少貼皮工序的時間。

專業諮詢／FUGE GROUP 馥閣設計集團、禾邸設計 HODDI Design、SOAR Design 合風蒼飛設計＋張育睿建築師事務所、工一設計 One Work Design、Studio In2 深活生活設計、御坊室內裝修規劃設計

工法一覽

	平頂天花板	造型天花板	間接照明天花板	洗牆式照明天花板	格柵天花板	木工＋系統一造型天花板
特性	平頂天花板為最普遍的天花造型，先以角材搭建骨架，再搭配使用防火矽酸鈣板包覆、最後批土油漆即完成。	跳脫單純垂直、水平線條，改以曲線、非曲線等有機線條替天花板形塑造型，吸睛度高，還能提升風格完整性。	利用天花高低差藏入燈源，讓光線朝上方照射並反射至室內，達到間接點亮環境，還有助於提升視覺層次。	即將照明投射於牆壁，牆面上會形成光暈漸層的效果，有效替室內營造不同的照明情境，也能映襯牆面質感。	比起傳統的平頂天花板，格柵式設計層次分明，能賦予強烈的立體感，同時加強視覺延伸性。	木作搭配系統板材的造型天花，可呼應客廳系統櫃的相同花紋，達到統一的視覺效果，施作上也可減少貼皮工序的時間。
適用情境	喜歡天花板簡約、乾淨清爽的視覺效果。	讓天花板有型，成為空間主要的焦點。	以補充光源為目的，同時修飾突兀橫梁。	希望空間出現如光暈般的視覺效果。	想要天花板出現線條層次，同時具延伸的作用。	希望施作期快速，但同樣又有訂製效果。
施作要點	天花骨架完成後，可將空調風管妥善放置於骨架上，避免磨損。	建議施作造型天花板前，請師傅多提供不同弧度的板材打樣，好確認弧度效果是否符合。	間接照明燈槽與反射面的距離要足夠，以免光源全部都卡在天花板上面，完全打不下來。	必須確實計算燈具跟牆面的距離，因為距離會影響洗牆燈的選擇。	格柵設定的寬度會影響所需要集層角材的尺寸，叫料前需再三確定。	系統板材質地較硬，弧形曲度不要太過於小，且需靜待一段時間讓它成型。
監工要點	板材和板材之間預留2～3mm間距、天花骨架間距須整合設備做思考。	盡可能全程監工確認所有施作、木貼皮的平整度。	矽酸鈣板完工前需加上一道油漆、上完油漆或塗料後放置一天乾燥。	水平修整天花板骨架、燈孔補強時盡量不要破壞到天花板角材。	確定格柵的間距、留意油漆平整度。	施作勿求快並預留板材成型時間、下角材前確定是否符合水平。

※ 本書記載之工法會依現場施工情境而異。

平頂天花板

簡潔俐落，創造清爽視覺效果

搭配之工程

1 拆除工程

此案為新成屋，施作平頂天花無須拆除工程，但若是中古屋翻修則需先將原始天花拆除，並注意避免破壞灑水頭或消防感應器，原本若有水閥也須預留維修孔。

2 水電工程

進行水電管線配置，此案設備包括吊隱式空調、嵌燈、吊燈，需針對設計圖重新規劃正確位置，空調主機裝好之後也需先包覆好，避免灰塵跑入。

3 油漆工程

天花封板後會在表面批土油漆。

施工準則

骨架間距需預留燈具與設備空間，並補強吊燈懸掛處結構。

平頂天花板為裝潢設計最普遍的天花板造型，主要是先以角材搭建骨架，再搭配使用防火矽酸鈣板包覆、最後批土油漆就算是完成。平頂天花的優點是可以隱藏消防管線、電線、冷氣排水、吊隱式空調，亦可結合嵌燈施作，藉由拉齊天花板的水平線條同時修飾原始結構的凹凸面，可呈現乾淨清爽的視覺效果。不過要注意的是，平頂天花會因內藏燈具、設備安裝與維修等需求，須預留 4 ～ 35cm 不等的高度，若原本屋高略低，需考量封板後的屋高，以免造成壓迫。

新成屋翻修的住宅空間，利用平頂天花形式勾勒出自然簡鍊的現代氛圍。　　圖片提供__ FUGE GROUP 馥閣設計集團

板材與角料

Material 1：集成角材

為木頭削片壓製膠合，較不易產生蛀蟲以及熱漲冷縮問題，一般施作於天花板大多使用1吋2規格。

Material 2：矽酸鈣板

具有防火、防潮等特性，一般封天花板會使用6mm厚。

Material 3：木心板

針對懸掛吊燈或是吸頂燈的位置，另外以木心板加強結構骨架。

🔧 Plus+ 　選用與使用木材小叮嚀

☑ 天花角材另有實木可選擇，但因材料為原木未經加工處理，反而容易有蛀蟲與彎曲問題。

☑ 天花封板現今以矽酸鈣板為主，市面上產地包含日本、台灣、大陸，其中以日本麗仕品質較為穩定，吸水變形率最低。早期甚至會出現氧化鎂板，不過易有受潮怕水問題，不建議使用。

平頂天花板施工順序　Step

訂出高度位置（訂水平） ----▶ 下角材、吊筋做出骨架 ----▶ 進行封板 ----▶ 油漆

Step 1　訂出高度位置（訂水平）

根據設計圖面所訂出的天花板高度，使用雷射儀打出定位高度，並以墨線在牆面上做記號。

圖片提供＿FUGE GROUP 馥閣設計集團

Step 2　下角材、吊筋建構骨架

沿著天花四周的壁面開始釘製角材，並以角材組成如 T 形的吊筋，先將吊筋固定在天花板，接著以每 30 ～ 40cm 間距，排列出如方格狀的天花骨架。

圖片提供＿ FUGE GROUP 馥閣設計集團

Step 3　進行封板

在封板之前，木工師傅根據維修孔、空調出風口位置，先行將矽酸鈣板裁切預留開口規格，並拉出吊燈電線，最後再進行封板。

圖片提供＿ FUGE GROUP 馥閣設計集團

Step 4　油漆

板材與板材縫隙之間先用 AB 膠打底，再貼不織布網袋、油漆批土，加強結構性，抵抗地震時的拉力，避免晃動造成縫裂。

圖片提供__ FUGE GROUP 馥閣設計集團

Plus+　施作工序小叮嚀

☑ 天花板跟牆壁的銜接處可先打矽利康，再以油漆覆蓋，加強板材的銜接。
☑ 天花骨架完成後，可將空調風管妥善放置於骨架上，避免不小心磨損。
☑ 懸掛吊燈的區域，利用木心板補強承重結構。
☑ 角材下完之後，水電師傅再進場修改灑水頭管線高度，方能與最終完成面平整。

現場監工驗收要點

☑ 板材和板材之間預留 2 ～ 3mm 間距
封板的板材建議打斜角做出伸縮縫，預留 2 ～ 3mm 的縫隙，日後填膠再上漆較不容易產生裂縫。

☑ 天花骨架間距須整合設備思考
排列天花骨架時須預留維修孔與設備位置，同時於周圍增加角材補強結構，盒燈、空調出風口也要先做出框架，下角材時則要避開嵌燈位置。

造型天花板

獨特線條語彙，讓天花
線條更靈活有趣

搭配之工程

一、圓弧曲線造型天花板

1 油漆工程

木作工程中，天花板邊角或是天花板與
立面銜接處會運用批土將縫填平，待批
土乾後，再用砂紙磨平或修成 R 角，
最後再請油漆師傅在表面上塗料。

二、3D 圓弧曲線造型天花板

1 水電工程

按需求重新確立空調、照明等管線布局
和位置，相對應的電源開關也依據使用
做配置。

2 油漆工程

從天、地到壁都是使用同一種特殊塗料
呈現，因此在木作施工完後，天花板邊
角、天花與立面銜接處以批土將縫填
平，待批土乾後，再用砂紙磨平或修成
R 角，這些動作要重覆 3 ～ 4 次才會
均勻，最後再請油漆師傅上表面塗料。

三、非曲線造型天花板

1 拆除工程

原空間是中古屋已有天花，需要進行拆
除工程。拆除時以安全為優先，不可破
壞建築結構體如梁柱，也要留意避免破
壞重要管線；拆除後也要檢查天花低板
是否有漏水現象。

2 水電工程

此案天花設備包括吊隱式空調、嵌燈與
吊燈，在初期配置水電管線時便要規劃
清楚位置，再配合木作工程時間完成燈
具出線的預留；吊隱式空調則放置在平
釘天花板內。

3 油漆工程

天花板接縫運用批土填平，待批土乾後
再上底漆，接著上面漆。此案平釘天花
板部分採用義大利的萊姆石塗料，若使
用特殊塗料，需留意使用特定底漆。

施工準則 　需考量造型封完之後的空間高度，避免產生壓迫。

為了美化管線及安裝設備等，除了原始 RC 層天花，通常會再以木作製作天花將之隱藏，從平頂天花板一路發展出各種視覺、設計強烈的造型天花板。造型天花板除了常見 2D 曲線，另也有透過可彎夾板製造出三度曲面一體成型的效果。在製作天造型天花板時，同樣也是先製作骨架，骨架完成後進行封板動作，接著再上裝飾面材。值得注意的是，上裝飾面材時備須思考承重力，以及在施作造型天花板時也要注意造型封完後天花板整體高度，避免產生壓迫的感覺。

空間裡融入格式塔心理學的認知行為，將形狀觀點組合出完整性，透過弧形天花板與多項有機形狀的圓、弧、漸進形態而自然成形。
圖片提供＿禾邸設計 HODDI Design

弧型天花一部從上延伸至牆面，創造出一體成型的視覺，也成功做出仿洞穴的自然樣態。
圖片提供＿ SOAR Design 合風蒼飛設計＋張育睿建築師事務所

透過 3 個自由向上的屋頂造型，界定室內空間各自的領域，即保有開闊的視野，也能有自在遊走轉換於公共空間的體驗。
圖片提供＿ Studio In2 深活生活設計

圓弧曲線造型天花板

為了重組整體空間的機能，會透過天花來做引導，重新詮釋出空間的領域界定，同時也銜接起公共區域的風格。而在製作弧形天花時，為了創造出完整的弧形，善用 CNC 車床切削技術來裁切板材，以完成手動才能辦到的精緻又細膩的成品。製作上，天花板與弧形銜接處，將多片經 CNC 切削的骨架固定，再釘上木板；而天花板邊角及弧形立面的銜接處，再透過批土填平縫隙，待批土乾了，修成 R 角或以砂紙磨平做立面修飾，最後塗上油漆。

板材與角料

Material 1：骨架
因弧形為三緯曲面，需使用多片的 CNC 車床切削出不同大小的骨架，如同船板成型的做法。

Material 2：可彎夾板
因應曲面包覆需要，最後使用具延展性的可彎夾板封型。

Material 3：木心板
針對懸掛吊燈或是吸頂燈的位置，另外以木心板加強結構骨架。

✿ Plus+　選用與使用木材小叮嚀

☑ 骨架造型的大小需等比例的排列，避免封板產生菱角。
☑ 封型後，表面還是需要油漆批土增加造型的潤度。

圓弧曲線天花板施工順序　Step

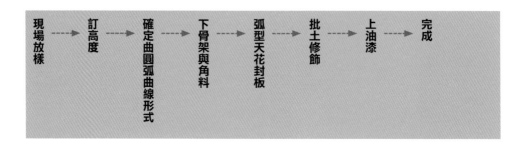

現場放樣 → 訂高度 → 確定曲圓弧曲線形式 → 下骨架與角料 → 弧型天花封板 → 批土修飾 → 上油漆 → 完成

Step 1　現場放樣

在工地現場按照具體尺寸繪製放樣圖。

Step 2　訂高度

業主能接受天花弧形造型的最低點為 240cm，而最高點是 275cm，整體空間依照此比例去施作，並保留大概 4 ～ 5cm 維修孔的高度。

Step 3　確定圓弧曲線形式

事先在工廠繪製天花板的圓弧形式，從 3D 到 4D 的不規則曲面圖，再做出每一片木板等角料。

Step 4　下骨架與角料

多片的 CNC 車床切削出不同大小的骨架，依序釘製每一片木板。

圖片提供＿禾邸設計 HODDI Design

Step 5　弧形天花封板

每個 3D 到 4D 的曲面組合成型，角料也是一一組合而成。

Step 6　批土修飾

曲面的交界處透過批土增加造型的圓潤度。

圖片提供＿禾邸設計 HODDI Design

Step 6　上油漆

最後塗上油漆，讓弧形天花板維持密合度、定型。

圖片提供＿禾邸設計 HODDI Design

Step 7　完成

圖片提供＿禾邸設計 HODDI Design

🔧 Plus+　施作工序小叮嚀

☑ 弧形雷射切割的電子圖檔要確認尺寸的順暢度。
☑ 每片骨架的穩固度要確實，避免封版造型崩塌。

✥ 現場監工驗收要點

- ☑ **打光確認弧形流暢度**
  在批土同時可以以側光照射，確認整體弧形的順暢度。
- ☑ **骨架高度是否與圖面符合**
  封板前要再次確認骨架的每個檢核點高度是否與圖面相同。
- ☑ **骨架之間的打釘是否足夠**
  封板過程中，每個與骨架接觸點的打釘數量是否足夠。

3D 圓弧曲線造型天花板

設計者為塑造出如洞穴般三度曲面一體成型的效果，依據環境製訂出高度後，即組構天花骨架，接著再利用可彎夾板去抓出每個曲線的弧度，營造出洞窟般的效果。彎曲線條下也隱藏著務實的思考，顧及高低起伏不造成視覺壓迫外，也將冷氣、燈具、梁柱等隱藏其中。由於最後將以特殊塗料做呈現，在線條比較平的木作天花會再上一層矽酸鈣板，連同可彎夾板木體部分，一同上一道防止吐黃的底漆後，透過批土修飾邊角接縫處，同時也將其修得圓順一些，最後才是上特殊塗料。

板材與角料

Material 1：可彎夾板
即可任意彎曲，設計造型使用不受限，常見 4 尺彎、8 尺彎兩種形式，厚度常見有 1mm、3mm、5mm、6mm 等。
Material 2：實木
以整塊原木所裁切而成的木素材，紋理紋理自然、觸感佳，還具原木天然香氣。

✥ Plus+ 選用與使用木材小叮嚀

- ☑ 由於夾板遇潮濕會產生吐黃，加強環境的防潮外，夾板本身也需要透過上底漆來避免此情況發生。
- ☑ 夾板用愈多、相對底漆也跟著上愈多，可看情況分配矽酸鈣板、可彎夾板、角材的使用，有效調配木料的費用預算。

3D 圓弧曲線天花板施工順序 Step

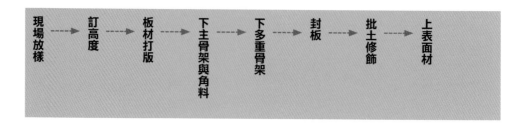

現場放樣 ---> 訂高度 ---> 板材打版 ---> 下主骨架與角料 ---> 下多重骨架 ---> 封板 ---> 批土修飾 ---> 上表面材

Step 1　現場放樣

由於此圓弧曲線天花為 3D 曲面，透過現場放樣抓出實際尺寸。

Step 2　訂高度

圓弧曲線天花不像平頂天花高度水平
統一，由於公共區域的梁下高度僅有
250cm，利用雷射水平儀測出準備的最
高點和最低點，好將管線、梁柱、設備
等一併包覆進去。

圖片提供＿SOAR Design 合風蒼飛設計＋張育睿建築師事務所

Step 3　板材打版

利用雷射切割方式將厚度約 3mm 的可彎夾板進行裁切，經切分成一塊塊的三角形後，再
加以彎曲整合。

Step 4　下主骨架與角料

依照訂出的天花高度、曲線造型等，先下主骨架（即比較粗的骨架），再依序下角料等。

Step 5　下多重骨架

為了不讓曲面結構產生凹陷、不水平的問題，骨架之間又再納入其他多重骨架，切分多段構成，且愈碎化愈好，所形成的間距才會愈小，效果也就更自然等。

圖片提供＿ SOAR Design 合風蒼飛設計＋張育睿建築師事務所

Step 6　封板

以單元碎化方式將多塊的三角面加以彎曲組成成型，轉角處角料亦是將 1/4 圓的實木裁切成多段後，經組合後再以釘槍固定。

圖片提供＿ SOAR Design 合風蒼飛設計＋張育睿建築師事務所

Step 7　批土修飾

在相對線條造型比較平的木作天花上一層矽酸鈣板，再連同可彎夾板製作的彎曲天花，一起上一道預防吐黃的底漆後，於交接縫處批土修補，好讓表面材能塗刷上去。

Step 8　上表面材

最後使用單一色彩的礦物塗料進行塗布呈現。

🔻 Plus+　施作工序小叮嚀

- ☑ 圓弧曲線天花板不像平頂天花高度統一，訂高度前，需將要藏入天花板內的管線、照明、設備以及梁柱等一併列入計算，才能找出天花板適合高度，和達到預期的效果。
- ☑ 由於此圓弧曲線天花為 3D 曲面，建議施作前請師傅多提供不同弧度的板材打樣，好確認弧度效果是否符合。
- ☑ 夾板過薄打釘槍可能穿透，因此施作時要多加注意。

🔻 現場監工驗收要點

- ☑ **板材離縫勿太靠近，避逸裂縫產生**
  由於最後是以塗刷特殊塗料做收尾，板與板料之間要做好離縫，約 3 ～ 5mm 的間距，方便油漆師傅填補土，也可避免裂縫產生。
- ☑ **留意木作天花、立面串至地坪的交接細節**
  因空間從天、地到壁都是使用同一種材料，因此自木作天花至立面與地坪交接處，利用批土修補出一個 R 角，好讓塗料可以順勢塗下去與地面結合。

非曲線造型天花板

此案空間內梁柱系統複雜，雖然原始樓板到天花板高度高達 3 米 2，但有許多約 80cm 的梁柱貫穿頂上，梁下高度僅 245cm 左右。為了保住樓高的優勢，考量傳統包梁運用此案會因為高低複雜導致視覺凌亂，因此延伸出平釘天花板的做法，但在可以挑高的地方做斜頂天花，共置入 3 個有大有小、錯落呈現的「屋頂」，隨興、自由的分布，讓天花板整體視覺效果較一致，高處則有延伸的效果。若也想要做這樣的呈現，建議天花最低點到最高點的距離落差至少在 60cm 以上，且搭配大開口較為理想。

板材與角料

Material 1：矽酸鈣板
廣泛被運用在裝修中的輕板材，具有防火、防潮、隔音等特性，居家最常見的厚度為 6mm，另有 8、9、12mm。

Material 2：夾板
主要由 3 層、5 層或以上奇數組成的薄木板，夾層愈多，硬度及承重力愈強。

Material 3：塗裝木皮板
在工廠便完成表面木皮與底板貼合、染色塗裝的板材，避免有人為影響導致木皮噴漆存在色差的問題。

Material 4：集層角材
由單片的夾板堆疊，並經過膠合熱處理製成，是運用在室內裝潢、天花板結構骨架的板材首選。

⊕ Plus+　選用與使用木材小叮嚀

☑ 矽酸鈣板沒辦法做弧形設計，因此本案弧形地方採用夾板完成。另外，屋頂的結構也使用夾板建構，承重較佳。

☑ 相較木工師傅現場以手工施作實木貼皮，塗裝木皮板因為廠製關係，更能縮短工期、減少對環境污染，只需要用強力膠直接黏貼即可。不過，塗裝板比較不適用於特殊造型需求，轉角收邊上難以達到一體成形；施工難度也較高，若裁切不夠俐落，邊角會出現許多小瑕疵，建議使用銳利的工具並勤換。

非曲線造型天花板施工順序　Step

平面放樣，訂出高度位置 ┈┈▶ 下角材、吊筋做出骨架（平釘）┈┈▶ 現場拉線放樣 ┈┈▶ 板材打版 ┈┈▶ 下斜面的結構 ┈┈▶ 貼面材 ┈┈▶ 封板（平釘）┈┈▶ 完成

Step 1　平面放樣，訂出高度位置

依照現場實際情況在圖面上記錄每一根梁柱的位置、大小、樓板到天花板的高低落差，計算每一個高點與低點之間的尺寸距離，並在設計圖上標註出來。

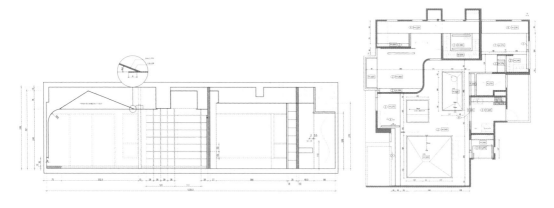

圖片提供＿ Studio In2 深活生活設計

Step 2　下角材、吊筋做出骨架（平釘）

根據平面放樣的結果，以雷射水平儀訂出天花高度位置，並在牆上做記號。隨後，依照平釘天花的作業流程：固定壁邊材、下主骨架和橫角料、以角材組出吊筋、固定吊筋並與主骨架結合，漸漸組成天花骨架。

Step 3　現場拉線放樣

依照設計圖上訂出的高度與尺寸距離，用紅色或白色的細線先把斜度的稜角拉出來，在現場跟師傅確認這個斜度是不是理想的樣子，然後做些許的微調。

圖片提供__ Studio In2 深活生活設計

Step 4　板材打版

確定斜度尺寸後，順應線進行打版，將 3mm 的夾板裁切成多塊三角形。同一時間也能進行水電工程的出線配置，在預計會放置照明的位置預留出線口。

圖片提供__ Studio In2 深活生活設計

Step 5　下斜面的結構

依照訂出的天花高度、傾斜角度,使用角
材搭建斜面的骨架結構,再將打版後的夾
板以接著劑與骨架黏合,並以釘槍固定,
組合成型屋頂的面。為求達到屋頂的呈
現,組合採用 2 個三角形做短邊、2 個
梯形做長邊,即完成屋頂天花板基底。

圖片提供＿ Studio In2 深活生活設計

Step 6　貼面材

當斜面完成後,著手進行表面材木皮的貼覆,將木皮板裁切成適當的大小後,依照設定的
紋路方向,使用強力膠固定。

圖片提供＿ Studio In2 深活生活設計

Step 7　封板(平釘)

本案設計上,屋頂天花板有內縮平釘天花板約 8cm,不會直接接觸,進而創造出線條俐落
的方形陰影。因此在平釘天花板封板之前,需要精準的知道內退的尺寸是多少。

圖片提供＿ Studio In2 深活生活設計

Step 8　完成

圖片提供__ Studio In2 深活生活設計

🏵 Plus+　施作工序小叮嚀

☑ 從圖紙上的點，到空心的線，再到實心的面，屋頂天花板施作難度不高，但每個環節都要顧及許多細節才能到位。

☑ 屋頂斜面建構出來後，可以裁切預留開口，先拉出吊燈電線供後續使用。

☑ 木貼皮的紋路走向需要現場比對決定，方能透過紋路走向展現戲劇張力。

🏵 現場監工驗收要點

☑ **盡可能全程監工確認所有施作**
屋頂天花板現場需要有設計師去確認細節以及斜面是否達到預期的視覺效果，從拉線階段開始應在現場與師傅討論，才會比較沒問題。

☑ **木貼皮的平整度**
塗裝木皮板貼覆斜面天花後，要留意表面是否平整，以免質感打折。

間接照明
天花板

透過光線漫射發散出
間接光源，營造均亮
空間感

搭配之工程

1 水電工程

評估整體水電管線與冷氣空調的佈線配置，進行水電管線的重新分配並提升電容量，並且預留機器位置高度，應付未來居家使用的需求。

2 油漆工程

在木作工程中，天花板邊角或是天花板與立面銜接處會運用批土將縫填平，待批土乾後，最後再請油漆師傅在表面上塗料。

施工準則　依梁位、管線決定高低天花的高度。

如果建築物本身天花板不高，可以將光源往上打，透過光線的漫射至反射天花將光源發散出間接光源，會讓天花板有被往上延伸的視覺效果，此種天花設計稱之為間接照明天花板。間接照明不會有直接目視發光體的刺眼感，整體空間的亮度是藉由材質表現反射、或折射出來的，可以達到更舒適的效果。間接光源的方向性可來自四面八方，如整體光源亮度足夠時，也可營造出均亮的空間感。間接照明是利用天花高低差內藏燈光，低天花是以現場最低點再扣管線及角材約 3 ～ 5cm，高天花則是依設計比例會先設定一個高度，若現場遇到環境上無法調整的管線，會視情況降低高度。

案例為舊有老屋，梁相當巨大且低，因此設計師利用多處局部挖空的概念，讓間接照明天花呈現出通透氛圍。

圖片提供＿工一設計 One Work Design

板材與角料

Material 1：夾板

是由 3 片單板膠貼而成，分為面板、心板和裡板。面板材質較佳，中層的心板較差，下層裡板的材質次於面板。

Material 2：矽酸鈣板

矽酸鈣板為市面上較常使用的天花隔間板材。其材質較硬，且收縮率不大，具有防潮的效果。

Material 3：角材

角材為木作工程中最常使用的材料，建議使用經過防蟲蛀處理的實木角材，或是集層角材，以防止蟲蛀。

Plus+　選用與使用木材小叮嚀

☑ 由於夾板遇潮濕會產生吐黃，須透過上底漆來避免此情況發生。

☑ 因為木材怕水，應避免在雨天進貨，雨天進貨可能造成材料變形並使得日後施工困難。

間接照明天花板施工順序　Step

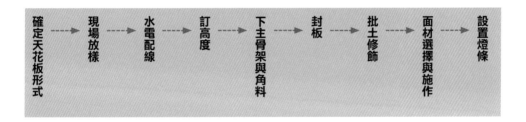

確定天花板形式 ▸ 現場放樣 ▸ 水電配線 ▸ 訂高度 ▸ 下主骨架與角料 ▸ 封板 ▸ 批土修飾 ▸ 面材選擇與施作 ▸ 設置燈條

Step 1　確定天花板形式

如果要針對梁位做開天井等方式，梁的位置會相當明顯，在與業主討論後，天花板以用活潑、錯落、動態的配置呈現。

Step 2　現場放樣

平面圖確定後，師傅依照天花施工圖到現場放樣，並再次檢查有無遺漏、之前未加以考量之處等，放完樣後確認天花板的大小比例是否需要調整。

Step 3　水電配線

訂天花板高度前，須將要藏入天花板內的管線、設備等元素，一併列入計算，如此才能決定天花板適合高度。

Step 4　訂高度

間接照明的外圍是低天花，內部挖空的部分則為高天花，高天花是在設計圖面時就有預設高度，低天花是以現場最低點再扣管線及角材約 3 ～ 5cm，除非現場有相對應的管線會影響到低天花。

Step 5　下主骨架與角料

高天花立面是用夾板框架出高天花，之後高天花與低天花再去做角材的佈置。此時木工師傅會預先留好施作與燈條相對應的溝槽。要注意的是，假如燈條寬度是 1.6cm，在木工階段可先預留好之後塗料跟安裝的空間，必須再多留 0.2cm。

圖片提供＿工一設計 One Work Design

Step 6　封板

天花板封板前，設計師會約業主到現場確認天花板的高度是否合宜，讓業主實際到場感受後才會封板，以避免工程中業主覺得有壓迫感要修改。在做天花封板時，以白膠搭配釘槍的方式固定。

圖片提供＿工一設計 One Work Design

Step 7　批土修飾

先以 AB 膠在接縫處做填補，等 AB 膠硬化之後，才會批土修飾，待打磨之後，才會進行批土修飾。

圖片提供＿工一設計 One Work Design

Step 8　面材選擇與施作

矽酸鈣板不需要再另外加上底板，後續直接上油漆或塗料等表面油漆工程。

圖片提供＿工一設計 One Work Design

Step 9　設置燈條

由於在高天花的立面交界處已預留好燈條所需的尺寸，將鋁擠燈座安裝於溝槽內，再黏上燈條，最後蓋上面蓋，即完成間接照明天花。

圖片提供＿工一設計 One Work Design

✿ Plus+　施作工序小叮嚀

☑ 假如燈條寬度是 1.6cm，在木工階段須先預留好之後塗料跟安裝的空間，必須再多留 0.2cm。
☑ 間接照明燈槽與反射面的距離要足夠，以免光源全部都卡在天花板上面，完全打不下來。

✿ 現場監工驗收要點

☑ **矽酸鈣板完工前需加上一道油漆**
　　一般的矽酸鈣天花板必須再經過一道油漆才算完工，天花板要平整，就要注意矽酸鈣板接縫處的油漆批土一定要平整。
☑ **上完油漆或塗料後放置一天乾燥**
　　一般說來，塗完油漆或塗料後最好等上一整天讓塗料完全乾燥。

洗牆式照明天花板

運用燈光照射呈現牆面特殊質感

搭配之工程

1 水電工程

水電依照天花燈具圖在天花範圍佈線，待天花封板後依現況尺寸挖孔，並於後期安裝燈具。

2 油漆工程

木作工程中，天花板邊角或是天花板與立面銜接處會運用批土將縫填平，待批土乾後，最後再委請油漆師傅在表面上塗料。

施工準則 燈具與牆面約距離 25 ～ 30cm，可投射出較佳的洗牆角度。

洗牆式照明泛指用於投射在牆面的光源，牆面上會形成光暈漸層的效果，除了用在建築外觀打光或招牌照明，許多設計師也將洗牆燈用於室內營造不同的照明情境。通常設計洗牆式照明天花板有兩個目的，第一個是增強亮度上的照明。第二個是透過燈光照射呈現牆面特殊質感，以此案例來說，則是為了讓繃布的質感可以透過燈光呈現出來。在樓板上配置管線，以角材、夾板與矽酸鈣板建構出骨架，封板完之後，在木工後期才挖燈孔，並且須考慮燈具與牆面的距離，燈具距離牆面太靠近，燈光就會呈現比較小顆的範圍，太遠則無法投射出牆面質感。

依據洗牆照明照射出來的扇形角度找出最合適的燈光位置，強調繃布牆面的質感。

圖片提供＿工一設計 One Work Design

板材與角料

Material 1：夾板

是由 3 片單板膠貼而成，分為面板、心板和裡板。面板材質較佳，中層的心板較差，下層裡板的材質次於面板。

Material 2：矽酸鈣板

矽酸鈣板為市面上較常使用的天花隔間板材。其材質較硬，且收縮率不大，具有防潮的效果。

Material 3：角材

角材為木作工程中最常使用的材料，建議使用經過防蟲蛀處理的實木角材，或是集層角材，以防止蟲蛀。

🌼 Plus+　選用與使用木材小叮嚀

☑ 矽酸鈣板雖具有防潮功能，但仍不適合用於水氣過多如浴室及廚房中，倘若有其他考量非得施作，則需以油性油漆刷過，確保防水性。

☑ 角材角度厚度不同，適用於不同區域，一般大多使用 1 吋 2，較厚的 1 吋 8 則多是拿來做隔間骨架。

洗牆式照明天花板施工順序　**Step**

確定天花板形式 → 現場放樣 → 水電配線 → 訂高度 → 設置主框架並下骨架與角材結構 → 封板 → 批土修飾後上表面材 → 挖孔 → 安裝燈具

Step 1　確定天花板形式

在設計前端，要先與業主討論，確定天花板的設計形式，並考量現場使用的材質決定燈光色溫，大部分以 3,000 ～ 4,000K、5,500K 為主。

Step 2　現場放樣

平面圖確定完之後，師傅會依照天花施工圖到現場放樣，並且看看是否有遺漏之前沒有考量到的地方，放完樣之後確認天花板的大小比例是否需要調整。

水電配線

訂定天花板高度前，須將要藏入天花板內的管線、設備等元素，一併列入計算，如此才能決定天花板適合高度。

Step 4 **訂高度**

洗牆式天花板就是跟牆面接觸的天花板，大部分梁柱都會設置在建築物的最兩側，而洗牆式天花板的高度多設定在低天花處，再依照現場的梁位高度調整。

Step 5 **設置主框架並下骨架與角材結構**

以彎曲板設置中間主要框架與角材結構，塑造中央主天花的結構，待主要的框架施工結束之後才能封板。此時須注意，要配合燈具的軸線關係預留灑水孔的位置，而非單獨預留灑水孔位置。

圖片提供__工一設計 One Work Design

Step 6 **封板**

在天花骨架塗上白膠後，將板材黏上，再以釘槍把貼覆於骨架的板材做固定。

圖片提供__工一設計 One Work Design

Step 7　批土修飾後上表面材

先以 AB 膠在接縫處做填補，等 AB 膠硬化之後，才會批土修飾，待打磨之後，才會上表面材。

Step 8　挖孔

燈孔的直徑預留須依照燈具設定的規格跟尺寸，再去實際開孔，此案例使用開孔 7.5cm 的嵌燈。

Step 9　安裝燈具

若現場所使用材料屬於木皮這類偏黃的暖色調，色溫不會用到 3,000K，因為怕整體看起來會太黃。現場確定完色溫後，才會安裝燈具。

圖片提供＿工一設計 One Work Design

Plus+　**施作工序小叮嚀**

☑ 燈具厚度、照明形式、冷氣安裝形式、梁柱位置及大小，都和天花高度的訂定有關，在計算高度時應預留設備安裝、維修空間。

☑ 洗牆式照明天花並非隨意在某處直接設置，必須確實計算燈具跟牆面的距離，因為距離會影響洗牆燈的選擇。

現場監工驗收要點

☑ **水平修整天花板骨架**
天花板骨架須進行水平修整，此一動作將影響後續面材施作，與完成面視覺美感，應確實執行。

☑ **燈孔補強時盡量不要破壞到天花板角材**
天花板在下角材時，不會特別避開燈具的位置，而是按照既定的規則與基準去下，若遇燈孔位置有角材，此時木工可以想辦法額外做補強，盡量不要破壞已架設好的天花板角材。

格柵天花板

以工整的線條感，化解
天花板錯落的差距

施工準則　需考量格柵間隔避免造成壓迫，間隔寬才能給予人穿透感。

比起傳統的平釘天花板，格柵式設計層次分明，能賦予強烈的立體感，同時加強視覺延伸性。面對屋高不足、室內梁柱多造成天花高度不一時，採用格柵設計，能減少天花板帶給人的壓迫感，並增加天花高度一致的協調感。此外，格柵天花板能搭配間接照明手法，使燈光有更多元的操作空間，像是本案在每一個格柵上方切了一個 V 字型車溝內嵌 LED 鋁擠燈條，格柵與上方天花板保留 10cm 的間隔，透過向上打的間接照明，讓室內光線較為均勻。格柵與格柵之間的疏密拿捏，端看屋高與想呈現的效果而定，若想在屋高一般的天花用密集的格柵設計，反而可能顯得累贅、壓迫感更強，需要留意。

從音樂的聽覺想像出發，試圖將其化為視覺靈感，將空間劃分為上中下三段，天花板採用的格柵設計為空間中的和弦，大面積的延伸線條呈現包覆感。

圖片提供＿ Studio In2 深活生活設計

板材與角料

Material 1：矽酸鈣板

廣泛被運用在裝修中的輕板材，具有防火、防潮、隔音等特性，居家最常見的厚度為 6mm，另有 8、9、12mm。

Material 2：夾板

主要由 3 層、5 層或以上奇數組成的薄木板，夾層愈多，硬度及承重力愈強。

Material 3：集層角材

由單片的夾板堆疊，並經過膠合熱處理製成，是運用在室內裝潢、天花板結構骨架的板材首選。

Plus+　選用與使用木材小叮嚀

- ☑ 遇水集層角材易腐爛，因此潮濕的區域建議還是選用防潮角材。
- ☑ 格柵設定的寬度會影響所需要集層角材的尺寸，叫料前需再三確定尺寸，也要留意角材的實際尺寸可能存在些微誤差。

格柵天花板施工順序 　Step

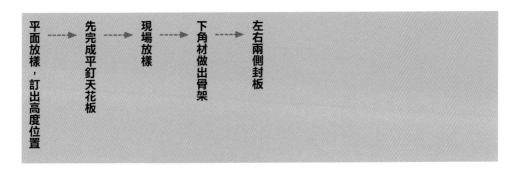

平面放樣，訂出高度位置 ----> 先完成平釘天花板 ----> 現場放樣 ----> 下角材做出骨架 ----> 左右兩側封板

依照現場實際情況在圖面上記錄每一根梁柱的位置、大小、樓板到天花板的高低落差，並標註想要的格柵高長寬、間隔以及設計細節。

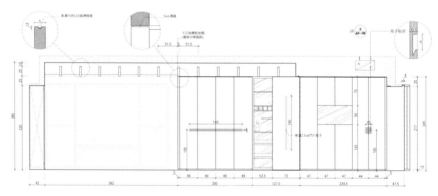

圖片提供＿Studio In2 深活生活設計

Step 2 先完成平釘天花板

根據平面放樣的結果，以雷射水平儀訂出天花高度位置，並在牆上做記號。隨後，依照平釘天花作業流程：固定壁邊材、下主骨架和橫角料、以角材組出吊筋、固定吊筋並與主骨架結合，漸漸組成天花骨架，再封板完成天花板基底。

Step 3　現場放樣

設計圖上雖然早已畫好尺寸，但現場施
工時還是可能出現些許落差，因此還是
要依據圖面上的尺寸在現場放樣一次，
微調並確認設計能符合預期。此案格柵
位置從電視牆為起始點（邊緣切齊隔間）
做等分，每個格柵的寬距設定約 50cm
左右，木工師傅以此為標準將現場位置
明確劃分出來，並做記號。此時，由於
每個格柵上方都會有間接照明，水電便
能進場依照結果留出出線口。

圖片提供__ Studio In2 深活生活設計

Step 4　下角材做出骨架

本案格柵尺寸為高 20cm、寬 5cm，長度則依照不同空間需求設有 360cm、166cm 及
110cm 等。每個格柵使用角材組成樓梯形狀的骨架，並在上端先切好日後內嵌 LED 鋁擠
燈條的 V 溝。格柵骨架完成後，依照規定位置將其以火藥擊釘固定於梁柱之間。格柵天花
的目的在於平衡天花高度，因此可能需要做貫穿大梁的設計，這時便需要用雷射水平儀放
射掃描、標示位置，確保每個格柵的位置能完全排斥平行，沒有誤差。

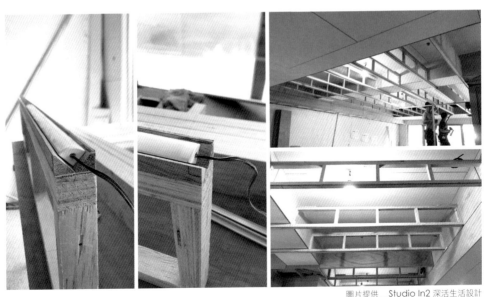

圖片提供__ Studio In2 深活生活設計

Step 5　左右兩側封板

在格柵骨架兩側塗上白膠後，將夾板黏上。

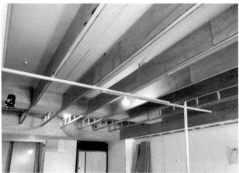

圖片提供__ Studio In2 深活生活設計

🛠 Plus+ 　施作工序小叮嚀

- ☑ 若想在格柵做間接照明，除了預留 V 槽外，也要考量施作上的困難度，例如施工的縫隙、間距好不好去施作，噴漆是否方便。假設格柵間距只有做 20cm，上面 10cm 的縫隙太過窄小，師傅難以噴漆，質感就會打折。
- ☑ 做間接照明也要記得在格柵位置拍板定案時，確認是否有接線給燈條使用、有沒有對準，否則出線位置跑錯，也會影響美觀。
- ☑ 如果想呈現出穿梁的效果，可以在梁下方也加入小格柵骨架加封板做法，令天花板整體視覺更一致。但要注意格柵高度需大於梁柱高度。
- ☑ 格柵可分成活動式和固定式，在格柵內側有燈具時，可拆卸的活動式格柵較方便維修，具體做法是將小榫釘在天花側邊，格柵兩側則加裝活動蓋板，只要用格柵卡住預做的小榫，並以活動蓋板固定，就能完成安裝。

🛠 現場監工驗收要點

- ☑ **確定格柵的間距**
  格柵骨架完成後，再次檢查間距是否正確，同時也確認與上方天花板的間距，確保後續油漆等其他工程好施作。
- ☑ **留意油漆平整度**
  像本案這樣大面積天花的間接照明，更要注意天花板的平整度，因為透過正面的照明，天花板的瑕疵容易被放大突顯，因此更要求油漆做到位。

木工＋系統

造型天花板

弧形線條增加空間活潑性，運用系統板材統一空間木質調性

搭配之工程

1 水電工程
依設計圖拉線，預留燈孔插座。

2 油漆工程
將矽酸鈣板相接處之縫隙批平後上漆。

施工準則 利用兩層天花板板高度不一與對應弧形，打開空間遼闊感。

為隱去管線及安裝設備，以木作搭配系統板材的造型天花，可呼應客廳系統櫃的相同花紋，達到統一的視覺效果。因客廳不算開闊，設計高度不一的兩層天花，只將需掩蓋糞管與裝設冷氣那一側降低高度，另一則天花提高搭配大小圓形與嵌燈，避免造成壓迫感。造型天花的骨架間距及水平會影響最後完成效果，若擔心弧形不夠完美，可用 CAD 圖放樣請工廠雷射切割，用系統板材做彎曲弧形，可減少貼皮工序的時間，解決日後貼皮掉落的問題。板材固定於骨架，待天花基底完成後再以噴漆修飾表面。

以傳統木工搭配系統板材施作，可統一木紋花色讓視覺不顯雜亂，打開客廳小空間的遼闊感。

圖片提供__御坊室內裝修規劃設計

板材與角料	**Material 1：夾板** 平釘天花時以夾板為主。 **Material 2：角材** 用 1 吋 2 實木角料做圓弧造型，1 吋 8 做平面板材接縫，支撐力道更強。 **Material 3：矽酸鈣板** 6mm 矽酸鈣板封底，矽酸鈣板屬法定的防火建材。 **Material 4：系統板材** 選用系統板材中的 08 板作為弧形彎曲處使用。 **Material 5：易可彎板** 分為夾板與矽酸鈣板兩種材質，可任意彎曲，常見 4 尺彎、8 尺彎兩種形式，厚度 6mm，此處使用易可彎夾板。

Plus+ 選用與使用木材小叮嚀

☑ 角材選用 F1，具有防水、防蟲、低甲醛等優點，若使用一般角材，要做防蟲與去甲醛處理。

☑ 系統板材質地較硬，弧形曲度不要過小，且需靜待一段時間讓它成形。

☑ 角材 1 吋 8 比較大支用在板材交接處，也可以用兩支 1 吋 2 的角材綁在一起做骨架，前者省材料，後者省工。

☑ 若使用易可彎矽酸鈣板，施工前可先泡水，軟了再彎。

木作＋系統造型天花板施工順序　Step

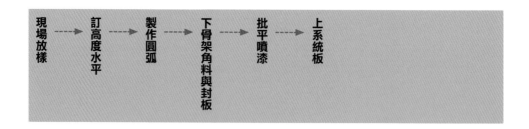

現場放樣 --→ 訂高度水平 --→ 製作圓弧 --→ 下骨架角料與封板 --→ 批平噴漆 --→ 上系統板

Step 1 　現場放樣

在工地現場按照具體尺寸繪製放樣圖。

Step 2　訂高度水平

實際到現場放樣，抓出兩邊天花最高與最低點，將管線、梁柱與設備確實包覆，並納入消防灑水頭高度一併考量。

圖片提供＿御坊室內裝修規劃設計

Step 3　製作圓弧

高度較高有兩個圓形天花板這一側，先以平釘天花板打底，在上面畫兩個直徑大小不同的圓，以實木角材沿著釘出造型，弧形間縫不能太小，大約 6 ～ 10cm，間縫太遠圓形會不順。待實木角料釘出完整圓形後，上兩層 6mm 易可彎板材圈起來，圓形會較為順滑。需注意圓框兩端大小是一致，通常接近地面這一端的圓形會跑掉。高度較低的弧形天花板，用水管畫出弧線造型，以 20cm 間距下弧形邊垂直角材，可視現場比例機動調整，再以易可彎順出弧形，若第一層弧形嫌生硬，可再上第二層易可彎板，弧度會平滑許多。

圖片提供＿御坊室內裝修規劃設計

Step 4　下骨架角料與封板

高度較高有兩個圓形的天花板這一側，以矽酸鈣板的長寬作為角料間隔依據，架出骨架後下方以矽酸鈣板封版，再以修邊機切割出圓洞。高度較低的弧形天花板，骨架的角料間隔一般會抓 36cm 或 45cm，完成後下方以矽酸鈣板封板。

圖片提供＿御坊室內裝修規劃設計

Step 5　批平噴漆

造型天花的矽酸鈣板接處，先用 AB 膠施作，待隔天乾後施作第二次，需耐心等待 AB 膠乾透，再將 AB 膠收縮後的縫隙批平。接著整面矽酸鈣板以批土批平，用磨砂機順平，以風機清除粉塵後再上噴漆，噴漆較油漆為佳，以免出現油漆刷痕跡。

圖片提供＿御坊室內裝修規劃設計

Step 6　上系統板

高度較高有兩個圓形的天花板這一側，待全室油漆工程結束後，預先向工廠訂好相同直徑的圓形系統板，再以蚊釘釘上去即可，這也是為什麼要注意圓形兩端是否一致，若下方圓形過小，系統板就無法放進去固定。高度較低的弧形天花板，待全室油漆工程結束後，以08系統板固定在易可彎之外。

🔧 Plus+　施作工序小叮嚀

☑ 弧形系統板不抓平，讓系統板突出下方矽酸鈣板1cm再以矽利康收邊，收邊效果會更好。
☑ 角材是硬的有稜角，圓弧處下兩層易可彎板會順很多。

🔧 現場監工驗收要點

☑ **施作勿求快，預留板材成型時間**
　系統板彎曲需要一些時間成型，同時也需注意收邊的矽利康有沒有裂開。

☑ **下角材前確定是否符水平**
　角材下不好，待封板後就無法補救，因此在下角材的時候先確認是否符合水平垂直，以雷射水平儀確認各處角材的高度是否一致。

隔間木作工法
實例解析

隔間，是區分室內空間領域的重要中介，本身還需具備隔音、掛物、防水等重要功能，除了磚造隔間，另還有木作牆隔間和輕鋼架隔間。木作、輕鋼架隔間都是屬於輕隔間的一種，材料相對較輕，對建築的負擔不大，施工也比磚造來得快，只是這兩種隔間在完工後想增加吊掛功能較為不便，需事先確認需求。

專業諮詢／演拓空間室內設計、亞菁設計

工法一覽

	木作牆隔間	**輕鋼架隔間**
特性	以木質角材為骨架，上下立柱後中央加上吸音棉或岩棉，外層再加上板材。可依照吊掛需求增強部分區域的結構。	以金屬鋼架為骨架，做法和木作隔間類似，立完骨架後放置吸音棉再封板。因金屬骨架為預製品，施工速度快也較便宜，經常用於商業空間。
適用情境	材質不防水，適用於客廳、臥房等乾區。	適用於辦公大樓、商業空間。
施作要點	木作牆隔音相對較差，若是想要加強隔音，建議封上兩層板材。	若有冷氣、櫃體的吊掛需求，甚至表面要上輕質水泥等，要特別注意整體承載性是否足夠。
監工要點	放樣時確認尺寸；封板後以手平摸表面，確認釘子不外露。	骨架間距須確實；板與板之間要預留伸縮縫；收邊應平整以利口其他工程結合。

※ 本書記載之工法會依現場施工情境而異。

木作牆隔間

多層封板，隔音就更好

搭配之工程

1 水電工程

進行水電管線的重新設定，同時也預留走線和維修的空間。

2 油漆工程

通常完成牆面會進行表面裝飾，油漆常見選項之一，切記要做好事先確認，並預留 3 〜 5mm 的伸縮縫。

施工準則 掛重物區域要特別排列較密集的角材和鋪上夾板，加強吊掛結構。

木作隔間是在住宅中最常使用的隔間工法之一，是屬於輕隔間的一種，本身載重輕，適合用在鋼骨結構的大樓中。施工快速，30 坪的空間中約莫 2 〜 3 天就能完成，可縮減施工天數。木作隔間不像磚造隔間會弄髒施工環境，做法為運用一根根的木質角材立出骨架後，再填塞隔音材質，外層再封上具防火效果的矽酸鈣板或是石膏板。面材裝飾可上漆、貼壁紙等，若是內部結構做得扎實，也可以鋪磚，甚至貼大理石。只是木作隔間不像磚造為實心結構，即便有填塞隔音材料仍會有空隙，因此隔音相對較差，若是想要加強隔音，建議封上兩層板材。

環境中設一道隔間牆來區隔空間，同時在立面加入線板修飾，呼應風格精神。

圖片提供__演拓空間室內設計

板材與角料

Material 1：角材

角材種類多，其中集層角材為堆疊壓製木片合成，重量較輕且筆直，製成之骨架可讓木作完成面較為平整，也是目前普遍使用的角材。

Material 2：夾板

夾板一般是由奇數薄木板堆疊壓製而成，過程中木片會依不同紋理方向做堆疊，藉此增加承載耐重、緊實密度以及支撐力，常見使用厚度有 2 分、4 分、6 分等。一般夾板大多用來作為底板，之後會再以面材做修飾。

Material 3：矽酸鈣板

以矽酸鈣、石灰質、紙漿等經過層疊加壓製成的矽酸鈣板，具防潮、不變形、隔熱等特性，常用於木作隔間、輕鋼架隔間、天花板的表面包覆，作為第一道的防火牆。

Plus+ 選用與使用木材小叮嚀

☑ 角材厚度不同，適用於不同區域，一般大多使用1吋2，較厚的1吋8多拿來作為隔間骨架。
☑ 選擇矽酸鈣板時要注意是否不含石棉，才不會對人體有害。

木作牆隔間施工順序 Step

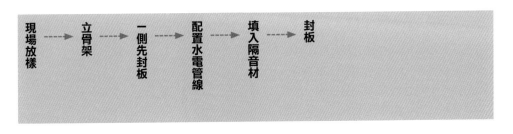

現場放樣 ---> 立骨架 ---> 一側先封板 ---> 配置水電管線 ---> 填入隔音材 ---> 封板

Step 1　現場放樣

立骨架前透過雷射水平儀抓出現場垂直、水平線,以及實際尺寸。

Step 2　立骨架

隔間一般都選用 1 吋 8 的角材施作。牆面的長寬比例會影響角材的排列間距,若為橫幅較寬的牆面,每支縱向的角材間距必須密一些;若是高度較高的牆面,則橫向角材的間距需密一些。先於地面和天花施作橫向角材,訂出牆面的上下高度,接著再立縱向角材,約莫隔 30 ～ 60cm 下一支,依照所需的結構強度而定,以釘槍固定,接著立橫向角材約莫 30 ～ 60cm 下一支,若需吊掛重物,間隔則需再更密集,約 15 ～ 30cm。

圖片提供__演拓空間室內設計

Step 3　一側先封板

將白膠施作在骨架上,再貼上背板,並以釘槍固定。

Step 4　配置水電管線

事先框出插座、水電線路出線位置。

Step 5　填入隔音材

由於木作牆隔間為中空,因此填入可吸音或隔音材質,大多使用岩棉或玻璃棉,一般隔間多使用 60K 左右的岩棉。在填充隔音材之前,需先封上背板,讓材料不會掉出。若想要隔音再好一點,鋪矽酸鈣板之前,先上一層夾板。透過雙層板材的施作加強隔音。

圖片提供__演拓空間室內設計

Step 6　封板

先在矽酸鈣板等封板板材的側邊削出導角，方便後續的施工。由於一旦封板，水電管線就被隱藏，因此需先在板材表面標示出線口的位置。接著在骨架上塗佈白膠，削好導角的板材貼覆於骨架上；排列時，導角側兩兩相對，留出批土的間距，由於白膠乾需要時間，接著再以釘槍固定。

圖片提供＿演拓空間室內設計

🔄 Plus+　施作工序小叮嚀

☑ 木作隔間最讓人感到不便的地方在於事後使用時不能隨意釘釘子，怕承重力不夠。但若是在封矽酸鈣板前先上一層 2 分夾板，就有一定的厚度，釘子就能夠咬合。雖然價格會再高些，但能解決無法吊掛難題，以及增加隔音效果。

☑ 骨架是支撐木作隔間的重要結構，依照牆面的高度和幅寬比例、是否吊掛重物等去調整每支角材的間距，間距愈密、結構力愈強。

☑ 封板時最要注意的是板材之間的留縫間距，需留出一定的縫隙讓後續的油漆批土得以順利，若是留得不足，表面容易產生裂痕。在封背板時，記得防火建材要在最外層，不可貪便宜只使用夾板封板，避免日後造成危險。

🔄 現場監工驗收要點

☑ **放樣時要確認好尺寸**

不論是磚造或木造隔間，在放樣時要到現場確認尺寸是否正確，一旦做錯就需重新拆除。

☑ **板材之間的間距至少留 6mm**

封板後若是要施作油漆，需先批土使表面平整，因此板材相鄰處可施作導角，板材之間留出 6mm 的間距，讓批土更容易附著。若是間隙留得太小，批土就會掉落，表面就會產生一道裂痕。

☑ **封板後以手平摸表面，確認釘子不外露**

固定時，釘槍需與板材垂直施作，釘子才能打入內部，完成後還需再以鐵鎚敲打確認。檢查時可用手撫過板材交接處，確認是否凸起。

輕鋼架隔間

施工快預算相對便宜

搭配之工程

1 水電工程
一些水電管路線等仍可能預埋在輕鋼架隔間中，搭配水電工程預先做好配管。

2 木作工程
遇一些造型表現，需要藉由木工加以修飾；另表面裝飾貼覆木皮，同時需要搭配木作工程。

3 油漆工程
表面裝飾材若需上漆、特殊塗料等，需要委由油漆工程來完成。

施工準則 　**需先固定上下槽鐵確立隔間位置，立柱需確認水平垂直。**

輕鋼架隔間作法和木作隔間類似，是以金屬鋼架為骨架，中央填塞吸音棉後封上板材。輕鋼架隔間比起木作隔間較輕，因此常用於鋼骨大樓中，承載力足以負荷。輕鋼架所使用的金屬骨架為預製品，施工比木作隔間更快，也較便宜，因此商業空間多為輕鋼架隔間；也正因金屬骨架屬規格品，若遇製作曲線造型時，在圓弧角處會需要再透過木作加以修飾出所需要造型。但輕鋼架隔間隔音效果較差，若用在住家需注意噪音問題。另外在施作為同樣要注意放樣位置以及預留電線管路空間，需配完電後再封板，避免事後需切割牆面重拉。

輕鋼架隔間整體重量輕，施工又快常見於商業空間中，若住家要使用要注意噪音問題。　　　攝影＿ Acme

板材與角料

Material 1：C 型鋼

C 型鋼是製作輕隔間中，常用作為垂直物件的金屬材料之一，寬幅 3 ～ 20cm 不等，可依據需求做選擇使用。

Material 2：矽酸鈣板

矽酸鈣板以矽酸鈣、石灰質、紙漿等經過層疊加壓製成，具防潮、不變形、隔熱等特性，常用於木作隔間、輕鋼架隔間、天花板的表面包覆。

Material 3：石膏板

石膏板本身的熱傳導率低，材質穩定，不容易受到溫度的影響，具有隔熱效果，也常作為輕鋼架間表面包覆材。

⊕ Plus+　選用與使用木材小叮嚀

☑ 選用任何關於金屬的材料，首先要考慮到表面材質是否做防鏽處理，以免未經防鏽，長久下來隨室內空氣、水氣接觸，仍有腐蝕風險。

☑ 石膏板硬度較低，搬運時邊角易破損，需小心注意搬運。

輕鋼架隔間施工順序 Step

放樣 ----> 立骨架 ----> 先封一側的板材 ----> 配置水電管線 ----> 填入隔音材 ----> 封板

Step 1　放樣

以彈線墨繩或雷射水平儀標出施工處天地的位置。

Step 2　立骨架

依照放樣位置排列骨架，上下槽鐵和立料的接合需確實鎖緊，首先排列下方槽鐵，確定位置無誤後以火藥釘槍固定，再排列上方槽鐵並固定。接著固定立柱，每支立柱的間隔約 30 ～ 60cm，立柱安裝時須確認水平垂直，避免歪斜。接著距離地面 120cm 處再固定一支橫料，加強隔間結構。

圖片提供＿亞菁設計

Step 3　先封一側的板材

以螺絲釘固定石膏板或矽酸鈣板於立柱上，進行單一面的封板。

圖片提供＿亞菁設計

Step 4　配置水電管線

按新規劃放樣後的位置配置水電管的位置。

Step 5　填入隔音材

吸音棉依照骨架間距裁切後填入，吸音棉之間需填實不留縫隙，確保隔音效果。建議在此階段時，表面事先留出插座開孔，避免事後找不到出線位置。

圖片提供＿演拓空間室內設計

Step 6　封板

沿骨架以螺絲固定板材，若有電線出線口，需事前裁切完畢。板材與板材之間需留縫，方便事後批土。

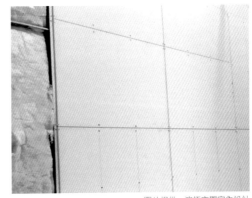

圖片提供＿演拓空間室內設計

Plus+　施作工序小叮嚀

☑ 隔間開口向來是結構較弱的區域，因此在門窗處需加強配置橫、立料的數量，密度愈高、結構愈強果。

☑ 若表面有要上輕質水泥，同樣要確認輕鋼架的承受力是否足夠。

☑ 若有冷氣、櫃體的吊掛需求，要特別注意結構是否有做足。

現場監工驗收要點

☑ **骨架間距須確實**
　現場的骨架間距是否確實，並與圖面上再次確認。

☑ **板與板之間要預留伸縮縫**
　板與板之間是否有留適當的縫隙或間距，方便作為伸縮縫與塗裝填充處理，一般要留 3 ～ 5mm。

☑ **收邊應要平整**
　注意收邊是否平整，或方便與其他工種結合。

樓梯木作工法
實例解析

在串聯複層格局裡，樓梯是必備的設計！除了讓垂直空間透過樓梯動線得以串聯，一支設計得宜的樓梯，更能化解煩悶的上下樓時光，創造人與人、人與空間的互動與交流。除了以單龍骨、雙龍骨結構建構的實木樓，另還有以板材、角材來進行創作的造型樓，不論是哪種材質的結構體、踏階或扶手，都要注意材質間的銜接材料與接合方式是否穩固合宜。

專業諮詢／木易樓梯扶手、本木源基空間設計

工法一覽

	木作樓梯
特性	實木樓梯以現場測量放樣後在工廠製作備料，較少在現場製作。造型樓梯以板材、角材等作為支撐的樓梯設計，多半用於複層空間中。
適用情境	夾層、樓中樓，串聯上下兩層空間。
施作要點	實木有熱漲冷縮的特性，故每個部件的銜接要以粗牙螺絲確實旋緊。下骨架時應使用水平儀檢視骨架是否平行相對，若缺乏此步驟則可能影響樓梯的水平。
監工要點	中段踏階加強固定、應上漆打底加強耐用度。踩踏時不可發出聲響、踏板厚度要夠。

※ 本書記載之工法會依現場施工情境而異。

木作樓梯

連接上下空間，替生活帶來便利

搭配之工程

一、實木樓梯

1 樓梯工程

因樓梯的細部工法上一般裝潢木工較不熟悉，建議委由專門施作樓梯的人員進製作，也能明確知道各項步驟該注意的細節。

二、造型樓梯

1 水電工程

若樓梯牆面設計融入照明，在施作前就必須預先規劃標出照明裝設的位置，確認與樓梯搭配的視覺效果。

2 油漆工程

修飾樓梯立面時，會需要進行油漆工程，不論是塗刷或烤漆，都需確認表面平整無髒汙，以免影響施作效果。

施工準則 依據空間條件設計坡度與階數，確保使用舒適度。

樓梯結構多種，以實木作為結構材的樓梯大多會有單龍骨、雙龍骨兩種形式。單龍骨梯踏階若雙邊都沒有靠牆，長期承受人體上下樓產生的力道，容易搖晃不穩，因此不論是單龍骨或雙龍骨木梯，最好有一側的踏板與牆面接合，或是最上面那一踏的踏面與牆壁接合，以增加踏板的強度及穩定性。至於另一種在挑高小宅中常見的則為木作造型樓梯，其變化性高，適用於室內住宅，設計時會依據連接上下空間的高度，決定形式與踏階數，踏面至少須介於 26 ～ 30cm 之間，才不會影響使用感受。

木作造型樓梯為以白色調為主體的空間，注入溫暖的氣息。　　　　圖片提供__本木源基空間設計

實木搭建的樓梯，給人相當穩固的感受。　圖片提供__木易樓梯扶手

實木樓梯

樓梯和扶手的木工要處理斜面與轉折角度，加上樓梯要承受一定的上下樓時的重力衝擊，故細部工法上一般裝潢木工較不熟悉，時常發生使用鐵釘或釘槍接合導致強度不足損壞的情形，建議使用粗牙螺絲或雙牙螺絲確實旋緊固定，增強零件之間的摩擦力。木扶手的厚度建議不得小與 6cm，否則與欄杆銜接的深度過淺，容易脫開發生危險。

板材與角料

Material 1：實木

以實木作為樓梯骨架、踏板、扶手等，天然紋理能營造溫潤的空間質感。

⊕ Plus+ 選用與使用木材小叮嚀

☑ 確認材料是否做過適當的乾燥處理，以吻合現場的濕度。
☑ 因螺絲有分種類，結合方式若是選用螺絲鎖合，需事先確認。

實木樓梯施工順序 Step

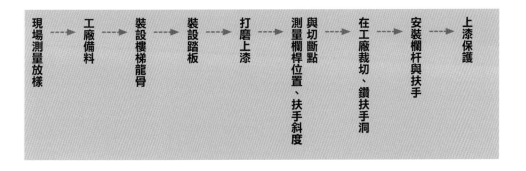

現場測量放樣 ➡ 工廠備料 ➡ 裝設樓梯龍骨 ➡ 裝設踏板 ➡ 打磨上漆 ➡ 測量欄桿位置、扶手斜度與切斷點 ➡ 在工廠裁切、鑽扶手洞 ➡ 安裝欄杆與扶手 ➡ 上漆保護

Step 1　現場測量放樣

以量尺測量扣掉樓板厚度的樓高，以及樓梯間的長度，同時再計算踏階數量與踏階深度。踏階高度通常為 16 ～ 18cm，深度為 25 ～ 30cm，走起來才舒適。

圖片提供__木易樓梯扶手

Step 2　工廠備料

預先向工廠進行叫料，約需 2 週時間。

Step 3　裝設樓梯龍骨

鎖進雙牙螺絲後，要再上膠，龍骨下端的孔洞也要上膠，增加接合力。除了下端接合，側邊也要開洞鎖螺絲，以「固定兩點」為原則。中間螺絲固定後，以水平尺確定骨架垂直，再固定上下兩支螺絲。單邊龍骨固定後，再固定另一邊。

圖片提供__木易樓梯扶手

Step 4　裝設踏板

踏板在工廠做好裁切加工，但若水泥牆面抹得不夠平整，現場以電刨微調踏板側面，讓板料能貼合牆面。接著在骨架上膠，同時將踏板用螺絲鎖在骨架上，最後用木粉和膠填補螺絲孔洞。

圖片提供＿木易樓梯扶手

Step 5　打磨上漆

將表面打磨平整再上漆。

Step 6　測量欄桿位置、扶手斜度與切斷點

欄桿和扶手攸關安全，因此在測量時要注意銜接的位置，尺寸要足夠，欄桿或扶手過細，可能導致接合處過淺強度不足容易鬆脫。

Step 7　在工廠裁切、鑽扶手洞

預先在工廠做好裁切以及鑽好扶手孔洞的位置。

069

Step 8　安裝欄杆與扶手

踏面開洞植筋或鎖雙牙螺絲，欄杆底部孔洞上膠插入植筋或雙牙螺絲，接著再將扶手裝在欄杆上，扶手接合處以螺絲銜接，最後再將扶手螺絲孔洞塞入圓木片，打磨平整。

圖片提供＿木易樓梯扶手

Step 9　上漆保護

最後進行上漆加以防護。

🔧 Plus+　施作工序小叮嚀

☑ 踏板表面要開溝槽增加行走時的摩擦力，避免滑倒。

☑ 除了上膠黏合，更要以螺絲固定，不建議使用釘槍，因木料會伸縮，日久容易產生間隙鬆動。

🔧 現場監工驗收要點

☑ **踏階深度不足的解決之道**

若是樓梯間長度有限，導致踏階深度不足，此時可讓踏階之間部分重疊，爭取踏階的深度。

☑ **中段踏階加強固定**

只要在中間的那片樓梯踏板與牆面再多鎖一支螺絲加強固定，讓牆面拉住中段的力量，這樣樓梯的前中後都有足夠的穩固度，樓梯走起來也會扎實不易有聲響。

造型樓梯

造型樓梯施作應從量高度開始，決定樓梯的坡度後，平均分配踏階數，施工時依據放樣標示，先從下骨架著手。過程中必須以水平儀確認左右兩邊的骨架是否平行，以木條釘出踏階雛形，接著進行封板（加上踏面與踢面）最後以面材修飾。樓梯的踢面與踏面可藉由材質選擇，讓功能性結構更具設計感，使空間更加完整。

板材與角料

Material 1：防水夾板
一般稱為紅膠夾板，是由原木弦切成單板或由木方刨切成薄片，再用膠粘劑而成，紅膠本身具有防水特性，使板材耐候性更佳。

Material 2：超耐磨木地板
超耐磨木地板原料為回收木屑，透過高溫高壓製成板材，耐磨細數高，使用壽命長，表面材質防潑水，且具有不易燃燒的特性。

Material 3：集層角材
集層角材是由單片的夾板推疊，並經過膠合熱處理製成，與實木角材相較起來變形機率小，價格實惠也相對實惠，在市場上被廣泛使用。

⚙ Plus+　選用與使用木材小叮嚀

☑ 防水夾板係因使用的接合劑（紅膠）防水，但不代表整塊板材可完全防水。
☑ 木頭遇水容易腐爛，在潮濕區域不建議使用集層角材，應選擇塑膠發泡材質製成的角材。
☑ 超耐磨木地板除了依據整體設計選擇外，也可挑選密度較高的材質，使踩踏的感覺更扎實。

造型樓梯施工順序　Step

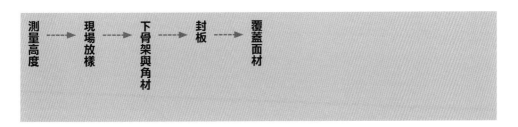

測量高度 ▸▸▸ 現場放樣 ▸▸▸ 下骨架與角材 ▸▸▸ 封板 ▸▸▸ 覆蓋面材

Step 1　測量高度

測量上下樓地面的高度差距，以測量完成後的高度計算樓梯階數與尺寸。

Step 2　現場放樣

依施工圖面，訂出空間的基準線，接著標示出施作位置，以及階梯的高度，完成放樣後，
需與圖紙仔細對照，以免影響後續工程。

Step 3　下骨架與角料

骨架為樓梯的主要結構，而櫃體作為樓梯上端的結構，利用角材釘成樓梯踏階的雛形，以
釘槍固定，下角料以垂直方向進行支撐。

Step 4　封板

將裁切好的防水夾板，覆蓋於整座階梯的踏面與踢面之上，以釘槍固定。

圖片提供＿本木源基空間設計

Step 5　覆蓋面材

將裁切好的防水夾板，覆蓋於整座階梯
的踏面與踢面之上，以釘槍固定。

圖片提供＿本木源基空間設計

🔧 Plus+　施作工序小叮嚀

☑ 樓梯與地板的接合處須打上矽利康，以防水氣滲入其中。

☑ 下骨架時應使用水平儀檢視骨架是否平行相對，若缺乏此步驟則可能影響樓梯的水平。

☑ 要慎選板材厚度，施工前一定要確定厚度，避免造成成本追加的問題。另外木材本身的韌性、
荷重性夠不夠樓梯的支撐，也要考慮人、物進出時的載重是否足夠。

🔧 現場監工驗收要點

☑ **踩踏時不可發出聲響**
木作樓梯首重安全性，事前需確認設計結構與承重是否符合使用需求，踩踏時若發出聲響
則可能是結構不夠穩固的徵兆。

☑ **注意面材收邊**
驗收時應檢視樓梯踏階邊緣，看看收邊處是否平整，以免踩踏時受傷。

☑ **踏板厚度要夠**
踏板的材質不同，處理與加工方式也不同，要與設計師、工班確認施工方式，最好事先經
過圖面說明以及材質確認。

門片門框木作
工法實例解析

門，作為各種生活空間的入口，包含衛浴門、室內門，如臥房、書房等。除了傳統的實木材質之外，現在也常見合板、玻璃、鋼木、鋁合金和 PVC 的應用。室內門依開啟型式，分成推開門、橫拉門等，選擇與空間搭配的門片比例與造型，不但具有裝飾效果、能為居家風格加分，有時還可營造視覺上放大的錯覺。門片的組成元素包含門框、門片、五金，若安裝環境相對潮濕，建議要挑防潮功能為主的。

專業諮詢／ F Studio Design Lab、澄橙設計

工法一覽

	室內門片門框	衛浴門片門框
特性	室內門由門框、門片組成，具區隔空間、遮蔽隱私等功能，品質較好的門片也能有效阻絕室內噪音。	衛浴門同樣由門框、門片組成，但考量衛浴環境相對潮濕，材質上多會以具防潮功能的為主。
適用情境	臥室、書房等空間出入口，提供隔間遮蔽功能。	衛浴空間出入口，提供隔間遮蔽功能。
施作要點	無論是前後推開門，還是橫拉門，均要注意門推開後，動線是否會受到影響。	木門框做完後記得做層防護，以免相對細緻的木門框被碰撞或刮傷。
監工要點	檢查門片開闔與滑行順暢度、整個木門的完整性是否足。	留意門框組合的整齊性、測試五金開啟角度是否符合。

※ 本書記載之工法會依現場施工情境而異。

室內門片門框

劃分區域、空間的出入口，且兼顧隱私安全

搭配之工程

1 拆除工程

舊屋翻新時會搭配拆除工程進行，順序先從原有門框、五金鉸鍊，接著再到門片。

2 泥作工程

拆除後的門孔運用批土填平，再上門框板材。如遇磚牆缺損則要四周邊角抹平，釘板材時才會密合，避免影響後續隔音問題。

3 金屬五金

前後開透過鉸鍊做開關時的旋轉支撐，依據鉸鍊不同，門片可90度、180度，甚至360度打開；平移開需要製作軌道溝槽，將軌道預埋於上方門框，透過隱藏效果增加設計美感，並置入拉門緩衝器，使推拉安全且順手。

施工準則 重水平與垂直線基礎工程以及軌道選材與載重，讓門片開闔順暢。

門的施作主要為門框與門片兩部分，如果是舊屋翻新，會搭配到拆除與泥作工程；假如是新成屋，則從訂高度（訂水平）開始，也是最為重要的一個環節，當此環節處理妥善，門片的開闔會更加流暢，再來則為立門框，與門片板材的選用與施工。門的開闔常見前後開、平移開形式，前後開即以推開方式開啟（內開或外開），不過它會占用到迴旋空間；平移開形式能有效劃分區域，並且能夠靈活、輕巧的推拉，適合用在小坪數居家也能放大格局和減少空間上的壓迫，不過推拉門因為要保留活動空隙，所以在隔音效果上較差，另軌道也容易積灰塵。

（左）以北歐風形塑空間氛圍，臥房門片、門框挹注白橡木質元素，營造溫暖的自然樣貌。（右）澄橙設計透過木作平移拉門，有延伸臥房坪數，更做到減少空間壓迫感提升寬敞視野之效果。

圖片提供＿澄橙設計

前後開形式門片門框

利用前後開形式構成空間的出入口，利用鉸鍊作為開關的一種支撐，讓門片能順利開啟。門片在設計上還需要和使用的蝴蝶鉸鍊一起做評估，因為鉸鍊有一定的荷重，過重會影響使用，基本上鉸鍊安裝上以 2 個為主，但考量門厚、門高與門寬，特別在之間多增加 1 個鉸鍊，來加強其穩定性。

板材與角料

Material 1：木心板

門框的底材，其耐重力佳、結構紮實，五金接合處不易損壞，有不易變形的優點。

Material 2：實木皮

門片的木皮，即是將樹木乾燥加工後裁切取得的木料。

Plus+　選用與使用木材小叮嚀

☑ 貼覆實木貼皮、打磨、收邊，最後面材再上保護漆。
☑ 要多注意潮濕氣候時的施工，過程中應避免木皮變色。

前後開形式門片門框施工順序　Step

現場放樣 ⇢ 拆除工程、泥作工程 ⇢ 訂高度（訂水平） ⇢ 立門框 ⇢ 門片面材選擇與壓合施作

Step 1　現場放樣

在工地現場按照具體尺寸繪製放樣圖。

Step 2　拆除工程、泥作工程

配合新門片連同門框拆除換掉，拆除完後搭配批土將四周邊角抹平。

Step 3　訂高度（訂水平）

利用水平儀打出水平線，確認門楣水
平，再接著校準，確認門框兩側長邊垂
直地面。

圖片提供__澄橙設計

Step 4　立門框

訂出門楣水平後，就可上釘固定門框上方，接著門框長邊的兩側也上釘固定。

Step 5　門片面材選擇與壓合施作

安裝門片，並在門片與門框壓合間的縫隙，使用膠條讓隔音性更好。

圖片提供__澄橙設計

Plus+　施作工序小叮嚀

☑ 在木皮貼合門片之後、上釘之前，要注意板材壓合，因板材壓合是用膠，如果沒壓合好，容易造成門片彎曲與不平整，影響門的平整、隔音與密閉性。

☑ 木作夾板門可依據需求置入隔音棉，強化效果；另外實木門片本身厚度與結構的關係，通常不必再做隔音加強。

☑ 開關門片的鉸鍊通常為不鏽鋼製，使用頻率高易導致卡住或異聲，要注意選用耐久材質。

現場監工驗收要點

☑ **檢查開闔順暢度**
　門片開啟方向要符合需求，合起來水平、垂直高低一致，沒有歪斜。

☑ **檢查木門完整性**
　門邊的木條與內框連結牢固，裝飾板材和框也要貼合。

平移開形式門片門框

平移開形式的工程，除了著重在門框與門片的設置和選用外，最關鍵的就為軌道安裝設置，用久容易受到氣溫與濕度影響，所以需勤勞保養。在不同風格的居家設計，也會因偏現代風格而常用隱藏式軌道作法，使視覺整體乾淨俐落；工業風，則偏重軌道外露，藉此打造粗獷形象。

板材與角料

Material 1：木心板
門框的底材，其耐重力佳、結構紮實，五金接合處不易損壞，有不易變形的優點。

Material 2：實木皮
門片的木皮，即是將樹木乾燥加工後裁切取得的木料。

Plus+　選用與使用木材小叮嚀

☑ 貼木皮要注意紋理，方向一致才美觀。

☑ 貼木皮時，表面壓合要緊實，避免影響最終完成面。

平移開形式門片門框施工順序 Step

現場放樣 ---→ 訂高度（訂水平） ---→ 預埋軌道於門框內 → 門片面材選擇與 壓合施作

Step 1　現場放樣

在工地現場按照具體尺寸繪製放樣圖。

Step 2　訂高度（訂水平）

以水平儀打出水平線，確認門眉水平，再接著校準，確認門框兩側長邊垂直地面。

Step 3　預埋軌道於門框內

採用隱藏式軌道的施作方式，讓門片關閉時可以與兩側的壁面一致。

圖片提供__澄橙設計

Step 4　門片面材選擇與壓合施作

安裝門片，並在門片與門框壓合間的縫隙，使用膠條讓隔音性更好。

圖片提供＿澄橙設計

🐝 Plus+　施作工序小叮嚀

☑ 安裝軌道時要注意門板和滑軌有無呈現一直線。

☑ 平移拉門能設計在任何一面空閒的牆面，讓拉門滑動打開，所以規劃前要注意動線是否會被牆面所影響。

🐝 現場監工驗收要點

☑ **檢查滑行順暢度**

門片滑行方向要符合需求，合起來水平、垂直高低一致，五金軌道有無平順。

☑ **木門不能有瑕疵**

門面要平整潔淨，不能有裂紋、洞孔等瑕疵。

衛浴門片
門框

圍塑一道框線讓門變得更立體

搭配之工程

1 泥作工程
此為新設立的主臥衛浴，運用磚頭與水泥砂漿重新砌出隔間，因用於衛浴間，因此連同防水工程做完後，才鋪設壁磚。

2 油漆工程
門框以實木為底材，釘於牆上後須透過油漆師傅批土修飾，讓立面更平整。

3 玻璃工程
以噴砂玻璃作為材質的門片，一邊為固定形式，另一側則能夠開闔作為進出衛浴的通道。

4 五金工程
由於門片材為玻璃，鎖上玻璃專用的鉸鍊，好讓門片能產生轉動並達到開啟、關閉。

施工準則　**留意環境是否適合設木門框，若木框有貼實木皮須上保護漆。**

門框既是用來固定門扇，也有保護門片與牆面銜接處的作用。隨美感需求越盛行，開始有設計者在門框上加入巧思，藉由異材質拼接、納入線板等手法，讓門框更美觀、具創意。在裝設衛浴門片、門框時，若為實木貼皮一定要上保護漆，保護木皮也防止水氣進入，同時還要留意環境是否適合設置木門框，一旦鄰近淋浴區又直接選用木料作為門框，因木本身怕潮溼，維護較為不容易。另外，不少人為了想放大衛浴空間，同時增添明亮度，會以通透的玻璃作為門片，這時要留意所選的玻璃鉸鍊，若是玻璃門對應牆體，則要選玻璃對牆的款式，藉由一邊鎖於牆面作為支撐，另一邊則可以夾住玻璃，共同強化彼此支撐性。

衛浴空間以灰色調為主，玻璃門的引領下整體更顯通透，佐以木門框則加深門的立體效果。

圖片提供＿F Studio Design Lab

板材與角料

Material 1：實木

考量衛浴是人每天會使用的場域，為了讓踩踏接觸更為舒適，選以天然實木作為主要材質。

Material 2：實木皮

以木材削成薄片或紙片製成，黏貼於櫃體、壁板所用的飾面材。

Plus+ 選用與使用木材小叮嚀

☑ 實木皮的厚度從 0.15～3mm 都有，可依需求做選擇，通常厚度愈厚，表面的木紋質感愈佳。

☑ 木材削取製成的實木皮，本質和木頭一樣，用在濕氣相對高的環境，宜上層保護漆加以防護。

衛浴門片門框施工順序 Step

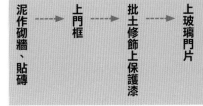

泥作砌牆、貼磚 ⇢ 上門框 ⇢ 批土修飾上保護漆 ⇢ 上玻璃門片

Step 1　泥作砌牆、貼磚

混合水泥砂漿後，以交丁方式砌磚，砌磚完後，需再等待 3～5 天讓水泥砂漿乾燥，讓結構穩固，再進行打底。施作完的隔天也可以開始進行水電的配置。打底部分能讓原本粗糙凹凸不平的磚面變得平整，此時同步注意平整度，施作愈平愈仔細，後續的粉光能更省力。接著進行防水工程，處理上需仔細且塗刷多道，才具有防水效果，完畢後則進行貼磚作業。

圖片提供__ F Studio Design Lab

Step 2 　上門框

將實木貼皮的門框以蚊釘固定於牆上，
上下左右 4 個面依序固定完畢，順序沒
有絕對，若是先固定底部，記得釘完後
要有層防護，以免不小心踩踏到破壞了
木框。

圖片提供__ F Studio Design Lab

Step 3 　批土修飾上保護漆

由於木門框是利用非常小的蚊釘固定於
牆，但仍是有釘痕，因此請油漆師傅批
土修補，同時最後再上保護漆。

圖片提供__ F Studio Design Lab

Step 4　上玻璃門片

此衛浴門片分固定和活動，一邊固定式的以矽利康將門片黏合固定於門框上，另一邊活動式的則以玻璃鉸鍊將門片鎖於牆上，鉸鍊有特別挑選過，讓門開到 90 度固定且把手不會碰撞到牆。

⚘ Plus+　施作工序小叮嚀

☑ 木門框做完後同步還有其他工程正在進，甚至也各式材料會搬進搬出，建議仍可做層防護，以免相對細緻的木門框被碰撞或刮傷。

☑ 金屬不可直接與玻璃做接觸，得結合墊片作為界質，好緩衝彼此的力量，也避免因擠壓而產生破裂。

☑ 玻璃鉸鍊也有門片厚度的限制，普遍來說玻璃厚度多為 5mm，偶也有到 8mm，使用時要特別留意。

⚘ 現場監工驗收要點

☑ **留意門框組合的整齊性**
由於門框是採取 4 個面依序固定於牆上，當固定完後一定要確認是否有整齊，才會讓整體效果是一致且好的。

☑ **測試五金開啟角度是否符合**
直接透過開闔門片等來測試五金配件的運作是否平順或卡頓情況，以及開啟後角度是否達 90 度，和有五金把手是否有無碰撞到牆面。

拉門木作工法
實例解析

現代住宅愈來愈小，要如何發揮空間坪數效益，成了小宅族在裝潢時的第一考量。不少人以拉門當作隔間，與實體隔間相比，不但兼具開放空間與隔間的雙功能，且玻璃拉門視覺具穿透性，還有放大空間作用。無論懸吊式拉門、折疊式拉門還是連動式拉門，三者均是透過五金零件讓門產生運作，五金挑選時一定要注意門重、門厚，以及尺寸大小，絕對不可超過五金本身的荷重，以免影響使用。

專業諮詢／工一設計 One Work Design、日作空間設計、頤樂空間設計

工法一覽

	懸吊式拉門	折疊式拉門	連動式拉門
特性	將門片吊掛在軌道上或是鎖於天花板上面,再經由滑輪使門片產生開闔動作。	門片之間以暗鉸鍊做銜接,當對折收起時會產生一個「V」字狀。	分定點式和連動式拉門,藉由啟動門片、五金配件後產生連動現象。
適用情境	門固定上方,無須再設立下軌,省去積灰塵困擾。	希望隔間體積小且形式多元,單開、收起折疊不佔空間。	門片可以統一收於側邊,創造一致性的視覺。
施作要點	每片門的大小密合度都要一模一樣,同時門片對應框架都要對齊,才不會看起來參差不齊。	滑輪、軌道有一定承載性,門片若有過重、特別大,挑選五金零件時要多留意,避免影響使用。	留意隱藏門片的溝縫槽、軌道、門片數量、厚度,以及預留高玻璃嵌入的空間厚度等。
監工要點	確實確認門片樣式、確認五金表面是否防鏽。	注意水平與垂直度、完工後實際操作一遍。	確定門縫與天花與地面間距、施力點是否正確。

※ 本書記載之工法會依現場施工情境而異。

懸吊式拉門

透過格柵樣式設計創造視覺層次

搭配之工程

五金工程

每一門片之間利用十字暗鉸鍊接合，達成有角度的折疊，形成角度最大可讓兩片門片呈現闔起來的狀態，經由天花板與地面軌道達成展開與閉闔。

施工準則　門片利用十字暗鉸鍊接合，選擇合適軌道以利開闔。

懸吊式拉門設計除了可以作為室內外的空間界定，還能為空間創造出有層次的景深。此案拉門是以實木搭配五金製作而成，分成左半部 6 片與右半部 4 片，再輔以折疊形式利於使用上的展開與收納。以鐵刀木作為門片製作材料，門片主體預先在工廠以卡榫接合並用 L 型固定片補強四周避免變形，完成後直接上保護漆，每一門片之間利用十字暗鉸鍊接合，達成有角度的折疊，形成角度最大可讓兩片門呈現闔起來的狀態，經由天花板與地面軌道達成展開與閉闔。

透過懸吊式格柵拉門，打造出室內銜接室外的陽台，讓空間更具層次感。　　　　　圖片提供＿工一設計 One Work D

板材與角料

Material 1：實木

實木可透過加工處理打造不同的木質效果，如以鋼刷做出風化效果的紋路，或是染色、刷白、炭烤、仿舊等處理，可依據設計風格做不同變化。

⊜ Plus+ 選用與使用木材小叮嚀

- ☑ 實木會因溫度濕度變化變形，因此在接合處務必使用粗牙螺絲，不可使用鐵釘或釘槍，或者直接採取榫接形式。
- ☑ 由於實木拉門在不斷開闔的狀況下容易變形，因此須在角落用 L 型固定片補強，降低變形機率。

懸吊式拉門順序　**Step**

天花板預埋軌 ---▶ 確認形體後打版 針對門片樣式打樣 ---▶ 工廠製作門片 ---▶ 安裝門片

Step 1　天花板預埋軌道

在施作天花板階段，就必須考量門片重量選擇合適軌道，先安裝好軌道。

Step 2　針對門片樣式打樣
確認形體後打版

針對門片需要的樣式與格柵口字型的大小打樣，此時並非使用鐵刀木而是用角材預作打樣，當確認完形體與樣式之後，現場再去做尺寸上的打版，確認每一片門片的長度是多少，再交由工廠去製作格柵門片。打樣的目的是讓業主確認門片樣式，同時也讓設計師確認門片比例是否合宜。

圖片提供__工一設計 One Work Design

Step 3　工廠製作門片

確認完打版樣式、所需尺寸，以及依據拉門總長度均分門片，然後再交給工廠試做。利用卡榫作為門片之間結構的接合，並透過 L 型固定片，降低門片因為推拉可能造成的變形。每一門片之間利用十字暗鉸鍊接合，達成有角度的折疊，角度最大可達到 180 度，讓兩片門片可以完全闔起來。

圖片提供__工一設計 One Work Design

Step 4　安裝門片

將完成的門片直接帶到現場安裝，此時須注意門片開闔的密合度，以及推拉之間的滑順度。

圖片提供＿工一設計 One Work Design

⚙ Plus+　施作工序小叮嚀

☑ 格柵式門片須在施工階段注意收闔或開啟時，每片大小的密合度都要一模一樣，門片對應框架都要對齊，才不會看起來參差不齊。

☑ 預留軌道時要特別注意門片的重量，考量到鐵刀木本身質地滿重的，每片門片重量都會變得較重，故選擇重型軌道。

⚙ 現場監工驗收要點

☑ **確實確認門片樣式**

一定要跟業主現場確認門片樣式，確認完了之後才能進入施作階段。

☑ **確認五金表面是否防鏽**

五金如屬於滑動型，若材質為鐵製，表面的防鏽處理要確實。

折疊式拉門

折拉門開闊之間，有效
提升空間坪效

搭配之工程

天花板工程

由於門片軌道必須預埋入天花板，因此
當木作在做天花板時，即同步進場加入
工程的製作，好精準抓出軌道位置，以
及需要做多少的結構補強。

施工準則 | **注意門重，勿超過五金負荷，避免使用不順暢。**

實體的隔間未必完全適合當下的生活，設計者改以折門、折疊門等作為隔間，不僅放大了空
間感，還能保持格局的獨立性。折疊式拉門多半走上軌道形式，軌道在進行天花板施作時就
會同步預埋好軌道，接著再將門片吊掛於軌道上，底下通常會再搭配下門止（又稱土地公），
防止晃動。比較特別的是，折門之間還會再以暗鉸鍊（或稱隱藏鉸鍊）做門片的銜接，讓門
能順勢滑動並收起，也因為這樣使得折門門片在對折時會產生一個「V」字狀，1個 V 對應 2
片門，依據空間環境決定幾個 V（即幾片門），以本案為例一共就做了 4 片門。

日作空間設計嘗試在空間放入平移式拉折門，關上保有環境的獨立性，打開時則能整併其他區域成為開放場域。

圖片提供＿日作空間設計

板材與角料

Material 1：角材

角材厚度不同，以1吋2的為主。

Material 2：夾板

門片同樣需要封板，但考量五金承重，選以2分夾板做封板材質。

Material 2：夾板

美耐板又有裝飾耐火板之稱，樣式多元，又具備耐磨、防焰、防潮、不怕高溫等特性。

Plus+ 選用與使用材料小叮嚀

☑ 黏貼美耐板時要注意收邊接縫問題，若銜接不好，容易在轉角處產生黑邊，影響美觀。

☑ 因美耐板沒辦法轉90度，轉角處容易有黑邊出現，建議可利用同款或接近色的不織布貼皮黏貼側邊，來修飾黑邊問題。

折疊式拉門施工順序　Step

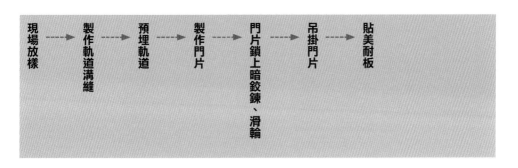

現場放樣 ⇢ 製作軌道溝縫 ⇢ 預埋軌道 ⇢ 製作門片 ⇢ 門片鎖上暗鉸鍊、滑輪 ⇢ 吊掛門片 ⇢ 貼美耐板

⬡ Plus+ 　施作工序解析

Step 1 　現場放樣

依據現場按照設計圖尺寸繪製放樣圖，可做及時修改與調整。

Step 2 　製作軌道溝縫

本案折疊式拉門走得是上軌形式，因此在天花板立骨架時即會同步製作軌道溝縫，以利後續可以將 U 型軌道放入。

圖片提供＿日作空間設計

Step 3 　預埋軌道

封面之前預先將 U 型軌道埋入，同時在附近做結構補強，提升支撐力。

圖片提供＿日作空間設計

Step 4　製作門片

同時間旁邊的隔間已做起來，即可自隔間計算出此門洞寬度，以及所需的門片尺寸和數量。
每一片門寬 45cm、高 240cm，先以 1 吋 2 的角材架構出一個口字型，裡面同樣以角材
作為支架，呈現如同「目」字般，最後再以 2 分夾板封板。

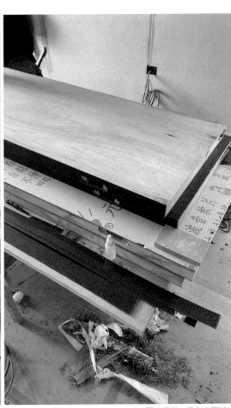

圖片提供＿日作空間設計

Step 5　門片鎖上暗鉸鍊、
　　　　　滑輪

門片做好了以後會同步在欲鎖入五金處
先鑿好洞，後續再將暗鉸鍊、上滑輪等
鎖上。

圖片提供＿日作空間設計

Step 6　吊掛門片

依續將門片吊掛上去，先從左右兩邊開始，也作為支撐基準點，接著再吊掛中間的兩個門
片。吊掛時仍要留意水平、垂直度是否有到位。

圖片提供＿日作空間設計

Step 7　貼美耐板

最後門片上貼覆美耐板，以其做表面裝飾。

⚙ Plus+　施作工序小叮嚀

☑ 滑輪有依荷重（即承載重量）做細分，軌道亦有輕軌、重軌、超重軌之別，甚至有的是滑輪與軌道有固定的搭配，選用前宜清楚了解。若門片有特別重、特別大等，挑選時要多留意，以免造成零件超載或鬆脫情況，影響使用。

☑ 「門重」關乎暗鉸鍊的選擇，若會在表面加入不同面飾材，這些也都要一併納入考量，讓門順利開闔與使用。

☑ 鉸鍊有不同開啟角度數的限制，打開時，若強開至超過該角度數，不但容易扯壞內部構造，回關時也可能形成無法完整閉合的情況，甚至慢慢的也會讓軌道不靈活。

☑ 折門所需的五金通常由設計師買好給木作師傅，或請木作師傅代為購買，建議以市面上常規品為主，一來耐重、開闔系數均有通過檢測，二來日後維修更換也比較方便。

⚙ 現場監工驗收要點

☑ **注意水平、垂直度**
門片在安裝時要特別注意垂直、水平是否一致，特別是折疊門多半只靠上軌在做開闔的運行，若有歪斜，既不美觀，還會影響五金軌道本身。

☑ **完工後實際操作一遍**
完工後一定要記得操作一遍，實際推拉看看開闔、使用是否操作順暢。

連動式拉門

空間隔而不斷，保有彈性與採光

搭配之工程

油漆工程
木作工程的最後，表面需再上一層保護漆，延長木作壽命。

施工準則　需要足夠面寬，還需要事先預留好隱藏門片的溝縫槽以及軌道。

愈來愈多人使用連動式拉門當作隔間，兼具開放空間與隔間的雙功能，還有放大空間作用。在安裝連動式拉門時，需要特別留意隱藏門片的溝縫槽、軌道、門片數量、厚度，以及預留玻璃嵌入的空間厚度等；此案由於拉門的高度為 270cm，已超過一般進大樓電梯的 240cm，特別調整木皮以橫向貼法，總共為三個斷點來銜接木作；此案設定 3 片拉門連動的設計方式，從第一片門啟動連動配件，並拉動第二片、第三片拉門，為了讓門片拉動時達到流暢，就必須抓出門框之間的距離；而為了讓門框下方的 L 型鎖片著力足、避免脫鉤，建議木作門扇外框至少 6cm 以上。

開放公領域空間，利用一道兼具屏隔特性的玻璃拉門，可依居住者需求彈性拉收門片；通透的玻璃材質，讓自然光走進餐廳，提升整體視覺明亮度。
圖片提供＿頤樂空間設計

板材與角料

Material 1：玻璃

挑選 5 ～ 6mm 厚度的噴砂玻璃，且確認玻璃與木條方向為平行或是置中，此案為置中方式安排。

Material 2：實木

樹木乾燥並加工後，裁切取得的木料。事先在工廠訂製實木條，再送至裝修現場拼裝。

⊕ Plus+ **選用與使用木材小叮嚀**

☑ 如果有木地板的設計，事先需預留縫隙空間。

☑ 建議拉門的外框不要太細，底部縫隙要預留大一點，下方 L 型鎖片著力面積範圍太小的話，未來容易脫鉤，木皮掉落機率高。

連動式拉門施工順序 `Step`

現場放樣 → 訂高度 → 拼裝實木條 → 安裝五金 → 上保護漆 → 安裝玻璃 → 鋪木地板

`Step 1` 現場放樣

在工地現場，按照連動式拉門的總高與總寬、3 片門扇的厚度，也包含木地板高度先預留 10mm，繪製放樣圖。

Step 2　訂高度

3 片門扇的厚度細節，前後實木皮板皆為 3mm、木心板 18mm、夾板 12 mm；拉門下方勾著兩片木板的 L 型勾鎖，門與門重疊、銜接上需要的空間，3 片門框也必須同寬。

Step 3　拼裝實木條

將工廠訂製好的實木條在現場做拼裝。木皮需密接而達到沒有接縫的視覺，先將環保膠大面積塗在木皮表面上，等到半乾後，再貼上底板，並使用膠捶打過，使之與底材密合。

Step 4　安裝五金

拉門下方安裝 L 型五金的鎖片，且抓好門扇之間的空隙為 6mm。

圖片提供＿頤樂空間設計

Step 5　上保護漆

門扇表面上保護漆，達到日後防水、清潔養護的部分。

圖片提供＿頤樂空間設計

Step 6　安裝玻璃

選用 5 ～ 6mm 厚度的噴砂玻璃，每一段玻璃先在工廠製作好，到現場嵌入事先預留的木條空間，並使用矽利康來安裝玻璃。

Step 7　鋪木地板

事先已先預留門扇到地板 10mm 的空間，現在鋪上木地板，且調整門片與地板接縫面跑掉的位子。

圖片提供＿頤樂空間設計

🔧 Plus+　施作工序小叮嚀

- ☑ 考量需進大樓電梯，木作通常以 240cm 高度為基準，此案為 270cm 高度，已超過標準，因此將木皮調整為橫向貼法，透過三個斷點的銜接方式來變更設計。
- ☑ 安裝噴砂玻璃前，先與屋主確認紗面要朝哪一個方向，通常紗面比較容易殘留指紋，會面向沒那麼容易被注意到的位子。
- ☑ 要注意整體空間的地板高度是否一樣，才能精準決定預留的地板厚度。
- ☑ 由於連動拉門的門片寬度約 40 ～ 90cm 不等，若是安裝作用以隔間牆為主，建議原隔間寬度就不可以太窄。

🔧 現場監工驗收要點

☑ 確定門縫與天花、地面間距
確認門片與天花板、地面的距離是否準確。

☑ 施力點是否正確
沒有把手的橫移門，利用中間的木條當施力點，測試門滑順度、不能有卡住。

櫃體木作工法
實例解析

現成櫃較制式也未必好用，多數人喜歡藉由木作量身打造專屬櫃體，既可設計不同的樣式，還能按使用頻率、美觀與否、收納習慣等去做訂製。櫃體其一是分開放形式，可透過增設層板、抽屜等增加收用機能，也兼具展示作用；封閉形式則是櫃體帶有門片，可隱藏物品也不使空間感到凌亂。門片上的把手也是巧思，特別是木作訂製的隱藏式把手，能建構出具造型又乾淨的立面。櫃體除了落地擺放，還有懸空、懸吊之別，無論哪一種，都得留意結構的承載性，以及板材載重力負荷問題，避免收納層板發生下垂狀況。

專業諮詢／樂創空間設計、奧立佛 × 竺居聯合設計、奇逸空間設計、禾邸設計 HODDI Design、拾隅空間設計 Angle Design Studio、綺寓空間設計、吉美室內裝修工程有限公司。

工法一覽

	落地式櫃體、落地式櫃體結合書桌	懸空式櫃體、懸吊式櫃體	蓋柱、入柱門片	抽屜、層板	隱藏式把手
特性	藉由量身訂製的落地櫃,讓收納符合個人需求。分開放、封閉形式之外,還能整合書桌,讓功能更強大。	依住宅條件,又再發展出懸空、懸吊式等櫃體,不落地的設計形,充分利用空間也讓家變得有特色。	櫥櫃門片有「蓋柱」與「入柱」之分,通常蓋柱會依門片立板厚度有所區分,常見蓋3分、蓋6分兩種形式。	於櫃體內規劃抽屜、層板,不論是鑽孔或者滑軌裝設位置,都須在事前做好規劃,才能正確且快速地組裝。	門片斜切45度角,或採量身訂製想要的造型,例如半弧形或是細長形開口等。
適用情境	想擺脫制式,透過木作櫃滿足各種造型櫃體的需求。	滿足實用收納機能的同時,還希望能以櫃體製造空間亮點。	封閉式帶門櫃體,輕鬆防塵又能維持空間的整潔。	需替櫃體增添收納空間,或以開放櫃取代隔間,強調通透感。	有特殊造型把手的同時,櫃體立面又能很俐落。
施作要點	確認板材載重力負荷,若不足,收納層板易發生下垂狀況。	以牆面或天花板做固定點要穩固,木作櫃懸掛起來才會安全。	固定板材時,應注意釘槍或鎖螺絲的方向應垂直,避免歪斜穿破板材。	施作前一定要做好垂直校正,組裝時才能精準又確實。	貼皮修飾時留意木皮的對花紋理方向。
監工要點	注意櫃子完成後垂直、水平、直角線條等是否到位。	確定櫃體重心、有以金屬作為結構記得去銳利。	檢查外觀與尺寸、確認門片開合是否順暢。	依照圖面驗收所有尺寸、滑軌安裝位置是否正確首使用順暢。	把手造型完成後進行試拉、造型處留意是否會刮手或有木刺。

※ 本書記載之工法會依現場施工情境而異。

落地式櫃體

落地櫃體既能妥善收納
又能展示蒐藏

搭配之工程

1 水電工程
延長壁面的開關與插座孔線路，捆綁好線路，書櫃外的照明燈具也是由水電安裝。

2 油漆工程
木作的保護漆由油漆工程完成，以及最後收尾的修補。

3 木地板工程
櫃體底部留伸縮縫 1.2cm，要將防潮布或 PE 墊的厚度也一併計入，最後接縫以矽利康填縫處理。

施工準則 　跨距較寬的櫃體可搭配厚層板，結構上更穩固。

櫃體設計中，依據牆面空間而打造出的落地式櫃體，一直是很受歡迎的形式之一。一櫃到頂的設計，不僅櫃體充分與牆面結合，還能實現收納空間的最大化，且視覺上更顯統一。在規劃落地櫃體時，要先了解收納用途、物件大小、拿取頻率等，好以此為根據設定櫃體形式，甚至是所需的層板、抽屜等。由於板材有一定的承載性，當層櫃設計的跨距較寬時，層板建議增厚處理，除了增加強度，也能讓櫃子的形式有一些幾何的變化，搭配蒐藏品活潑的色彩，多了一分靈巧的活力感。

本案的設計為清亮的北歐風，橡木紋選色合乎整體設計調性，也能讓屋主繽紛的蒐藏品更顯眼，此外，屋主想在櫃子中放喇叭，需要多個面板支援。
圖片提供＿樂創空間設計

板材與角料

Material 1：夾板

抗彎曲性強的材料，封板常用的材料，能以疊加的方式增強結構。

Material 2：橡木皮

溫潤自然的紋理適用於許多設計情境中，在居家設計中是很受歡迎的材料。

Material 3：木心板

支撐結構強，時常作為櫃體材料應用，需要較厚的層板時，將兩片木心板結合即可。

Material 4：波麗板

抗刮性較實木皮強，常用於門板或抽屜內櫃，無須另外上保護漆。

Plus+　選用與使用木材小叮嚀

☑ 波麗板耐受性佳，可省一道保護漆工序，常用於門片或抽屜櫃內。

☑ 木心板與夾板是木作的基本材料，支撐力良好，須大量的膠黏合，施作後應通風讓異味散去。

落地式櫃體施工順序　Step

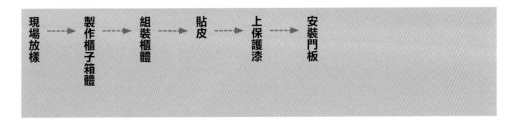

現場放樣 ---→ 製作櫃子箱體 ---→ 組裝櫃體 ---→ 貼皮 ---→ 上保護漆 ---→ 安裝門板

Step 1　現場放樣

在牆上精準放出櫃體尺寸，尤其櫃內的面板與側牆或地面的距離皆要非常準確，有誤差必須現場修改。

Step 2　製作櫃子箱體

以木心板材裁切出櫃體側板、底板和層板的尺寸，注意面板出線位置，先做出櫃子的大框架。

Step 3 組裝櫃體

此展示櫃的層板較厚，使用兩片木心板達到 4cm 厚度，並以白膠和螺絲固定在櫃體大框中，再將櫃子固定在牆面。

圖片提供__樂創空間設計

Step 4 貼皮

注意橡木紋理的方向，善用層板分隔作為斷點，以蚊釘或白膠、強力膠與櫃體結合。

Step 5 上保護漆

上漆前先修邊打磨，上一層底漆、一層保護漆，最後再打磨。

Step 6 安裝門板

依鉸鍊尺寸在側板上鑿孔並安裝，調整螺絲鬆緊讓門板保持平整，再將拍門器安裝在適當位置，避免門片凸出或門縫過大。

Plus+ 施作工序小叮嚀

☑ 大部分都會選擇有緩衝功能的滑軌，長度常見有 30、45、60cm，依據櫃體深度做選擇。
☑ 當單格櫃體內需要放入多個電源面板時，排列方式須留意美觀性，高度也須符合使用慣性。
☑ 櫃體底部使用木心板或夾板做疊加，讓櫃體超出木地板約 2cm 的高度，避免櫃子陷在木地板裡。
☑ 櫃外的天花燈具的位置須做加強結構，燈具安裝建議離書櫃 30cm，才不會讓照射的角度有所侷限。

現場監工驗收要點

☑ **藉由打光確認表面平整度**
利用光照檢查保護漆是否有磨平，若有凹凸可以請油漆在收尾時做修補。
☑ **確認所有面板電源正常運作**
此書櫃設計有許多面板設置，須實際試用看看，以確保能如常使用。

落地式櫃體結合書桌

將書櫃與書桌放入同一立面，使用更直覺

常搭配之工程

1 水電工程
延長壁面的開關與插座孔線路，捆綁好線路，層板內的條燈也是由水電安裝。

2 鐵工工程
櫃體完成後丈量尺寸，圖面標清楚細節樣式，在鐵工廠製作好軌道與鐵梯，以及完成鍍鋅烤漆。

3 油漆工程
為木作噴漆染色、上底漆和保護漆，以及收尾修補美化。

4 木地板工程
完成櫃體才會做木地板，須留出伸縮縫以防熱脹冷縮，以矽利康作為填縫。

> **施工準則**　掌握木工系統化優勢，減少現場粉塵與施作時間。

多功能概念導入櫃體設計中，一體成型、功能又豐富，還能一次解決所有使用問題。不少人會將書櫃整合書桌，在規劃上若有結合其他需求，可以先明確列出所需的機能，而後在安排上有次序、利用率也比較高；若有需要放一些專業書籍時也需預先提出，因專業書開本尺寸通常較大也較厚，櫃體在施作上需加強結構，以提升支撐力和穩固性。木作施作上也可善用木工系統化優勢，板材事先在工廠做裁切、線板製作等，而後再到現場做組裝，減少粉塵汙染，也能縮短施作時間。

依據風格調性在櫃體立面上納入線板，同時貼覆橡木紋木皮後上噴漆，仍保有木紋紋理，而木地板則是搭配人字貼紋，讓古典優雅的氛圍特色更為豐富。　　　　　　　　　　　　　圖片提供＿奧立佛 × 竺居聯合設計

板材與角料

Material 1：夾板

抗彎曲性強的材料，封板常用的材料，能以疊加的方式增強結構。

Material 2：橡木皮

溫潤自然的紋理適用於許多設計情境中，在居家設計中是很受歡迎的材料。

Material 3：木心板

支撐結構強，時常作為櫃體材料應用，需要較厚的層板時，將兩片木心板結合即可。

Material 4：波麗板

抗刮性較實木皮強，表面較為平整，常常用於門板或抽屜內櫃，無須另外上保護漆。

Material 5：實木線板

有為門片、牆面、天花板等做出裝飾線條的立體效果，相較 PU 發泡線板較重，但觸摸質感能與木紋門片一致。

🔧 Plus+　選用與使用木材小叮嚀

☑ 櫃體黏合時常使用白膠，在桌面或檯面這類常接觸使用的部分，則會使用強力膠增強黏著力。

☑ 木製材料要注意避免受潮，否則容易變質影響結構性的強度。

落地櫃體結合書桌施工順序　Step

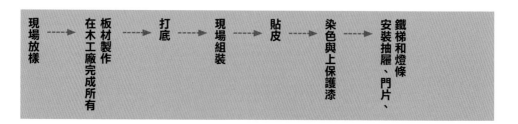

現場放樣　→　板材製作在木工廠完成所有　→　打底　→　現場組裝　→　貼皮　→　染色與上保護漆　→　安裝抽屜、門片、鐵梯和燈條

Step 1　現場放樣

利用水電的膠帶在牆面放樣，精確標出櫃體高、寬、深度，注意上方天花板高度是否有調整，若尺寸差很多要及時調整。

Step 2　在木工廠完成所有板材製作

善用木工系統化的流程，請師傅在木工廠裁切好櫃體板材的大小，包括線板和波麗板也可以先在木工廠先處理。

Step 3　打底

底部踢腳板需要支撐櫃體的框架結構，打穩基礎、抓好垂直水平才往上組裝。

Step 4　現場組裝

將所有材料依照圖面樣式做組裝，從櫃體的大框結構組合、固定中間層板，層板厚度皆為 4cm，使用 2 片厚度 2cm 的木心板製作而成。由於書櫃跨距寬，須嵌入背板強化承載力。

圖片提供＿奧立佛 × 竺居聯合設計

Step 5　貼皮

利用蚊釘與白膠、強力膠做橡木皮的貼合，施作時避免刮傷表面，貼完要修邊。

Step 6　染色與上保護漆

與業主確認色票顏色，在表面上底漆，調出正確的顏色後噴漆上色，最後在上一層保護漆、打磨。

圖片提供＿奧立佛 × 竺居聯合設計

Step 7　安裝抽屜、門片、鐵梯和燈條

選擇緩衝滑軌與鉸鍊，深度 40cm 的桌板，調整門片水平，以及安裝把手；鐵梯的傾斜幅度必須先與專業師傅討論，並在設定的位置鎖上軌道與鐵梯；請水電師傅在預先挖好的層板溝縫中安裝燈條（如右圖），以及蓋上開關或插座面板。

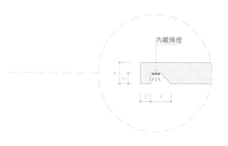

圖片提供＿奧立佛 × 竺居聯合設計

Plus+　施作工序小叮嚀

☑ 選擇能夠信任的木工工班十分重要，許多現場的狀況依賴木工的回報，以及利用其經驗建議解決現場疑難。

☑ 木工系統化優點多，能不受現場僅能平日施作時間的限制，能直接進入組裝，減少了在現場的施作時間。

☑ 由於檯面有 4cm，櫃體在門片闔上時露出的厚度也要精算，以及安裝鐵梯軌道的部分需做結構加強，寬度約為 8cm。

現場監工驗收要點

☑ **檢查所有插座與開關是否通電**
實際檢驗與操作每個面板功能，確認接線都沒有問題。

☑ **打光確認表面細緻度**
打開燈光確認表面是否平整，色漆是否均勻，若有不平整都是由油漆收尾時一起處理。

懸空式櫃體

櫃體懸空，
輕量又不壓迫

搭配之工程

1 鐵件工程

懸浮櫃體須結合鐵件才能呈現出所要的狀態，除了以 H 型鋼作為骨架外，因還需承載長約 3 米多的大理石長桌，便於櫃體檯面加設由方管成的結構做補強。

2 油漆工程

櫃體完成後以噴漆作為表面裝飾，選以鮮明黃色做表現，成功將量體轉化為獨有的空間特色。

施工準則 **H 型鋼鎖於天花時，兩側再以 L 型角鐵做結構補強。**

不是所有的櫃體一定都得落地、靠牆，結合懸空手法，讓櫃體宛如飄浮在空間中一般，輕盈、不壓迫，還能讓空間更顯開闊。設計者嘗試在空間立了一道懸浮玄關櫃，透過鏤空設計連結中島大理石餐桌，既達成靈活彈性的機能轉換，也成空間重要的視覺亮點。懸吊櫃以 H 型鋼作為支撐，接著組裝木作櫃體將鐵件做包覆，同時也組裝櫃內元素、合門片，最後才是進行表面裝飾。因大理石餐桌貫穿玄關櫃並橫跨於廚房中島之間，待櫃體完成後於鏤空檯面處加設鐵件結構，好強化櫃體的支撐力，這層結構是由數支 5cm×2.5cm 方管所組成，架設完畢後再以木作包覆修飾，最後才是噴漆。

以黃色、懸空的玄關櫃，透過鏤空手法連結中島大理石餐桌，有效替開放的空間創造生活互動性和視覺趣味。

圖片提供__奇逸空間設計

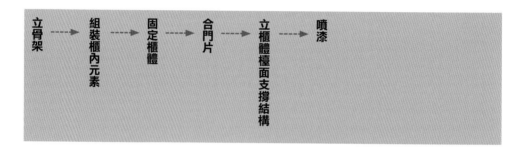

板材與角料

Material 1：木心板

木心板上下兩側是合板、中間由木條拼接而成，相對強度夠，也不會有變形問題，以 6 分木心板作為櫃體板材主要材料。

Material 2：夾板

由奇數薄木板塊疊壓製而成夾板，多用來作為底板，櫃體以 6 分夾板做底材再進行上漆作業。

Plus+　選用與使用木材小叮嚀

☑ 使用夾板時要注意厚薄度是否不一，以免在未知情況下使用了，進而影響作品的美觀性。
☑ 夾板在釘時要留意厚度，注意避免出釘、爆材。

懸空式櫃體施工順序　Step

立骨架 ⇢ 組裝櫃內元素 ⇢ 固定櫃體 ⇢ 合門片 ⇢ 立櫃體檯面支撐結構 ⇢ 噴漆

Step 1　立骨架

支撐櫃體的懸吊結構為不對稱設計，施作前先確認好位置，以及骨架設立和結構補強方式，以確保固定性足夠。接著再將 H 型鋼以膨脹螺絲分別固定於 RC 天花板層和地坪面，為了補強結構，特別在天花板這一處的 H 型鋼兩側各加了 2 個 L 型角鐵支撐固定。

圖片提供__奇逸空間設計

Step 2　組裝櫃內元素

預先做好櫃體的尺寸規劃後，陸續將木心板裁切出所需尺寸後，再一一組裝成櫃體桶身，同時釘好背板，接著依序將櫃內零組件、層板、五金等組裝完畢。

Step 3　固定櫃體

確定櫃體位置後，將櫃體與 H 型鋼緊密固定住，H 型鋼收於櫃體偏右側處，既不影響櫃內空間的使用，同時也能發揮支撐性。

Step 4　合門片

先以木心板裁切出櫃體門片的尺寸，準備安裝前預先做比對確認無誤後，再上一層塗裝夾板、門片五金等，最後才將門片立於櫃體上。

圖片提供＿奇逸空間設計

Step 5　立櫃體檯面支撐結構

木作櫃完成後，於鏤空檯面處加入鐵件結構，當石材放上後才有足夠的力量做支撐。先在檯面處做出一個口字型，接著再將 5cm×2.5cm 的方管以 60 ～ 65cm 間距依序排列放入，最後再以木作包覆並做修飾。

Step 6　噴漆

當櫃體施作完成後，換油漆工程進場，師傅先進行批土修補，將細細的釘痕修飾掉，接著再利用噴槍進噴漆作業，均勻、確實地將漆料噴於櫃體上。

🔧 Plus+　施作工序小叮嚀

☑ 膨脹螺絲對天花板、地面的要求當然是愈硬愈好，建議都一定要鎖到 RC 樓地板層。
☑ H 型鋼鎖在天花板時要注意結構性是否足夠，做補強時也一定要確實，不要過緊或過鬆。
☑ 有些木作釘痕相當小，在批土修補時可利用燈照加以檢視後再進行修飾，使立面更平整。
☑ 進行噴漆時其產生的汙染會相當重，因此保護工程一定要做足，才不會受到破壞。

🔧 現場監工驗收要點

☑ **注意垂直、水平、直角線條**
　　畢竟此為懸浮式櫃體，驗收時要再加以確認垂直、水平、直角線條是否有到位，若稍有對不齊，作品缺陷將會一覽無遺。
☑ **膨脹螺絲要能被表面材覆蓋過**
　　H 型鋼是以膨脹螺絲做固定，要先計算螺絲打入的深度，以及所冒出的頭表面材有沒有辦法覆蓋過，此空間地坪為磐多魔，彼此先做好估算，當地材鋪設上去後，才有辦法完全蓋得過。

懸吊式櫃體

延伸建築的設計語彙，
櫃體植入端景概念

搭配之工程

1 水電工程
櫃體上新設立照明，委由水電師傅重新拉配電源線路，設定好後做好電線出口標記，以利後續作業。

2 油漆工程
櫃體完成後以上漆方式裝飾表面材，整體色澤飽滿，完成面也很平滑。

3 鐵件工程
部分櫃體以鐵件作為吊櫃的骨架，利用不鏽鋼方管以焊接方式組合而成。

施工準則

依據靠牆與否，強化天花板或牆面結構。

在櫃體設計上，除了考量實用收納機能的滿足，同時還希望能持續延伸空間尺度，帶來放大的視覺效果，因此藉由懸掛式櫃體設計來滿足需求。懸吊形式有分靠牆與非靠牆，倚靠牆面它能牢牢地固定於牆面上，非靠牆的則多以鎖在 RC 天花板層，無論哪一種形式，均要強化天花板、牆面結構，讓支撐可以更穩固。至於在設計上除了利用板材以桶身方式形塑吊櫃，也可以利用方管鐵件作為櫃體的骨架，再搭配層板構成放置層架。

餐廳區的牆面以深色木質的懸吊式造型櫃體展現，並延伸端景的視覺藝術。
（左上至右下）圖片提供__禾邸設計 HODDI Design、綺寓空間設計、拾隅空間設計 Angle Design Studio

懸吊牆面櫃體

吊櫃在施工上，為了達到懸掛吊櫃的端景美感，特別以擁有鮮明自然紋理的鋼刷木皮，櫃體桶身會先塗裝貼皮；為了營造出不同門片大小堆疊出漸層視覺，在組裝門片時，會特別取好每個門片間距，安裝後再重複開關門扇，確認流暢度，最後再將櫃體上釘固定在天花板，完成美感與機能兼具的懸吊櫃體設計。

板材與角料

Material 1：波麗板

此板材的表面平整，貼皮事先也已塗裝完成，能降低上漆的費用，具備省成本且耐刮的特性。

Material 2：夾板

櫃體門片以夾板為底材，運用在空間的非濕區，運用在裝修的塑型上，比一般的板材更好。

Material 3：橡木鋼刷木皮

底材最後在於外層鋪上橡木鋼刷木皮，鮮明的紋理展現粗獷、深刻的藝術質感。

🌀 Plus+　選用與使用木材小叮嚀

- ☑ 挑選板材的形式很重要，夾板在塑型上的強度會較其他板材類優質。
- ☑ 櫃體最外層挑選的木皮材質也很關鍵，此案擷取鋼刷木皮，當近距離看櫃體時，外表的深色漆面可呈現出層次感。

懸吊牆面櫃體施工順序　Step

現場放樣 ---> 訂高度（訂水平） ---> 板材打版 ---> 製作桶身跟門片裝置 ---> 上油漆

Step 1　現場放樣

依據事先繪製好的圖面，在工地現場按照具體尺寸放樣。

Step 2　訂高度（訂水平）

依據圖面訂出櫃體的門片高度、門片不同造型的寬度，及下降桶身高度。

進行門片的打樣,將每個門片打開後,取好門片與門片之間的間距。

Step 4　**製作桶身跟門片裝置**

裁切好櫃體桶身材料後,透過上釘、膠等工具,銜接桶身以及組裝門片。

圖片提供__禾邸設計 HODDI Design

Step 5　**上油漆**

實木板組裝完成之後,最後會噴漆上油漆,視覺上更能烘托出鋼刷木皮的天然紋理。

圖片提供__禾邸設計 HODDI Design

Plus+　**施作工序小叮嚀**

- ☑ 放樣櫃體高度時,造型門片在視覺上,從手拉櫃體門到直接下降桶身的部分,需以門片高度為考量。
- ☑ 因每個門片的造型及層次不同,還考量鉸鍊開啟的門片限制厚度,需重新規劃門片開啟方向,確認迴轉半徑不會影響臨側門片。
- ☑ 建議門片的開啟角度需打板後再施作。

現場監工驗收要點

☑ **確定門片造型層次**
確認整體櫃體在造型上是否與當初規劃的圖樣一樣,包含櫃體架構、門片距離。

☑ **門片間距以及拉開門扇是否流暢**
每個門片規劃大小、以及門與門之間的間距不同,試試門片開關上是否順暢。

懸吊天花櫃體（封閉式）

設計上，櫃體的初胚階段，桶身內部預留燈的管線，接著使用木工螺絲將桶身鎖上天花板內的角材，再貼皮加工；最後在懸吊式櫃體造型上，櫃體間的縫隙處還嵌入一片鐵板，予以串聯並穩固整體櫃身的結構，避免櫃體晃動，時間久了，容易造成櫃子變形，降低使用壽命。

板材與角料

Material 1：實木
樹木乾燥並加工後，裁切取得的木料，包含木紋皮與木心板。

🔧 Plus+　選用與使用木材小叮嚀

☑ 天花板要穩固，木作櫃子懸掛起來才會安全。
☑ 櫃子下方有安裝燈，軸線必須先預留 才不會到時候管線外露。

封閉式懸吊天花櫃體施工順序　Step

現場放樣 ┈┈▶ 訂高度（訂水平） ┈┈▶ 製作櫃體 ┈┈▶ 再放鐵片嵌入

Step 1　現場放樣

和室的天花板比客廳低，事先必須製作好，再從繪製好的圖面，在工地現場按照具體尺寸放樣。

訂高度（訂水平）

先測量客廳天花板尺寸，沿著電視牆高度到和室空間的天花板高度，接著是櫃體的高、寬度；安裝櫃體前必須考量木作嵌入距離而做退縮；以及預留燈的管線位子。

Step 3 **製作櫃體**

先進行櫃體的初胚，桶身內部預留燈的管線，接著使用木工螺絲將桶身鎖上天花板內的角材，再貼皮加工。

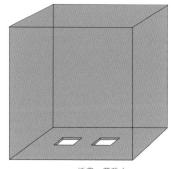

插畫＿黃雅方

Step 4 **再放鐵片嵌入**

櫃體都組裝完成、懸掛上去之後，櫃體中間的縫隙嵌一塊鐵板，讓整體結構更為穩固。

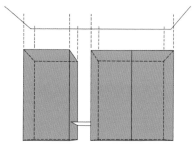

插畫＿黃雅方

Plus+ **施作工序小叮嚀**

☑ 工程中要確認燈的管線是否有預留。
☑ 櫃體留約 7mm 縫隙，讓 5mm 鐵板厚度能夠嵌入櫃體。

現場監工驗收要點

☑ **確定櫃體重心**
可搖晃櫃體觀察是否穩固，以及天花板銜接面會不會有狀況。
☑ **燈的管線有沒有走到對的位子**
燈位於櫃體底部，檢查管線距離是否在一直線上，以及深度是否足夠。

懸吊天花櫃體（非封閉式）

以鐵件作為吊櫃結構，確立好正方體尺寸後，將方管以焊接方式組接而成，接著才把吊櫃做固定，需將部分方管做延伸鎖至 RC 結構層才會穩固，同時也需做結構的補強，以確保其承重力。固定吊櫃後，進行表面裝飾，以噴漆做處理，顏色均勻同時也能與天花板色調達到一致。

板材與角料

Material 1：夾板
夾板又稱為合板，可依需求作裁切出所需尺寸，並用於骨架中作為置物品面。

Material 1：實木皮
置物層板部分以貼木皮做裝飾，整體變得更溫潤，也和一旁廚櫃相互呼應。

Plus+ 選用與使用木材小叮嚀

☑ 夾板因表面粗糙，要做油漆噴塗前，建議先做批土、修飾，而後再上漆比較理想。
☑ 木皮有自己的紋理，貼時一定要留意，以免貼錯方向。

未封閉懸吊天花櫃體施工順序　Step

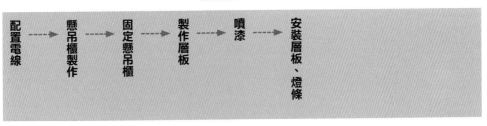

配置電線 ----> 懸吊櫃製作 ----> 固定懸吊櫃 ----> 製作層板 ----> 噴漆 ----> 安裝層板、燈條

Step 1　配置電線

由於懸吊天花櫃內嵌照明，在施作前請水電師傅事先置好電源線，並加以標記出口位置，方便後續施工者確認。

Step 2　懸吊櫃製作

每一個正方立體為 35cm×35cm，製作前先在現場進行比對，待確定後，借用積木組合原理，直接在現場做焊接組裝。因嵌燈管線將藏於方管內，此階段同步和鐵工師傅討論管線安置位置，並預先洗好洞孔，以利後作業；另也特別在骨架間做了約 1cm 的墩座，讓板材能卡進凹槽中，使置物面穩固。

Step 3　固定懸吊櫃

因櫃體屬於懸吊形式，在製作部分有將方管做延伸，並與 RC 結構層做銜接才，同時進行結構補強，讓承載性能更好。

圖片提供＿拾隅空間設計 Angle Design Studio

Step 4　製作層板

為了製造變化，層板有兩種形式，其一是將夾板以鉋刀鉋出溝縫，再進行批土修飾和噴漆，其二則是直接貼上實木皮裝飾。因燈條嵌於層板中，這時也同步在所設定的嵌燈位置製作溝縫。

圖片提供＿拾隅空間設計 Angle Design Studio

Step 5 **噴漆**

木作工程退場後，接著由油漆工程進場，將漆料以噴塗方式進行表面裝飾。

圖片提供＿拾隅空間設計 Angle Design Studio

Step 6 **安裝層板、燈條**

最後安裝層板，同時也將鋁擠型燈條嵌入其中，兩者均以鎖螺絲固定，此時油漆工程再次進場，透過批土、噴塗將表面修飾整齊。

圖片提供＿拾隅空間設計 Angle Design Studio

Plus+ **施作工序小叮嚀**

☑ 不鏽鋼方管無法直接做彎折處理，因此需要以焊接的方式進行組裝，且考量其置物功能，建議用滿焊的方式進行焊接。

☑ 吊櫃在組裝過程中，要注意定位點以及水平、垂直線是否在對的位置上，避免位置跑偏，影響品質和作品美觀性。

現場監工驗收要點

☑ **留意金屬邊角、記得去銳利**
因吊櫃結構以焊接而成，在焊接邊角處要加以修飾，以免過於銳利有使用安全的疑慮。

☑ **施塗前先塗一小塊確認色系**
由於櫃體、天花板顏色一致，因此在上漆前，可先請油漆師傅先試噴一小區塊，以免造成誤差，產生施工後卻達不到自己要的效果。在完成後也要加以檢視看色系是否一致。

蓋柱、入柱門片

依視覺效果與功能決定門片作法

搭配之工程

1 水電工程

櫃體設計時常與插座結合，再三確認插座位置是否與圖面相符，並依據現場施工狀況彈性調整，才能減少工程失誤。

2 油漆工程

櫃體門片若需上色，多以烤漆方式進行，烤漆前除了做好周遭的防護措施外，也須注意面材的平整度，以免影響施作效果。

施工準則　**蓋柱、入柱需挑選不同五金，注意開合順暢度。**

不論居家空間或商業空間，櫥櫃、收納櫃、衣櫃……等各式櫃體，頻繁地出現於設計中，櫃體的作法分為蓋柱與入柱兩種。蓋柱，顧名思義就是將門片覆蓋於櫃體之上，利用門片將櫃子的側門片遮蔽，依據遮蔽程度還可細分為：蓋 3 分、蓋 6 分等。入柱則是將櫃體的側邊完全顯露出來，門片埋於兩片側板中間，外觀看起來像是門片埋在櫃子裡的感覺。蓋柱與入柱兩種不同作法的門片，與之搭配的五金規格也不同，基本樣式為無快拆基本型、快拆型、快拆油壓緩衝型……等，另鉸鍊會因不同廠商製作，尺寸上多少有所差異，安裝後還是要轉動鉸鍊上的螺絲，進行微調門片的動作。

（圖左）大面積的櫃體選用蓋 6 分的門片設計，使空間線條更加簡潔清爽；展示櫃以入柱方式設計，搭配仿古五金把手，增添櫃體視覺層次。

圖片提供__本木源基空間設計

板材與角料

Material 1：系統板

系統板內部主要材料以打成碎粒狀的原木，以高溫高壓的方式膠合而成，表面再以美耐皿封板，具有防潮、防焰、耐刮磨的特性。

Material 2：夾板

以多層薄木板利用接著劑黏合而成，硬度高、防潮能力較實木強，可依不同的設計需求裁切，變動性較大。

Material 3：木皮

木作櫃體多選擇以貼皮方式修飾櫃體門片，實木貼皮質感好，但材料費用較高；人造貼皮選擇多元，價格經濟實惠。

⊜ Plus+　選用與使用木材小叮嚀

☑ 選用系統板時，應確認板材表面以及封邊的完整度，若有破損應及時向廠商反映。

☑ 貼皮應平整地覆蓋於櫃體以及門片表面，若有溢膠應隨時清除，人造材質種類多元，像是貼膜、美耐板……等花色都當豐富。

蓋柱、入柱施工順序 　Step

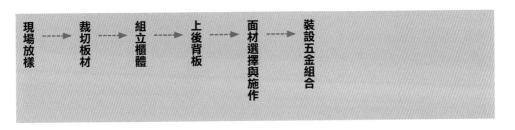

現場放樣 → 裁切板材 → 組立櫃體 → 上後背板 → 面材選擇與施作 → 裝設五金組合

Step 1　現場放樣

在工地現場按照設計圖面上的具體尺寸進行放樣，將高度與寬度以粉筆或紙膠帶標示於空間中。

Step 2　裁切板材

依據設計圖，將板材裁切為適當大小，裁切時應從最大面積的尺寸開始，依照由大至小的順序裁切，可避免材料浪費。

Step 3　組立櫃體

將裁切好的板材抓平後，利用釘槍固定板材，接著以螺絲加固，完成櫃體雛形。不論使用釘槍或螺絲都應避免打入的方向歪斜，以免破壞板材。

Step 4　上後背板

上後背板時，可先抓平桶身的一邊與後背板，以釘槍固定，以順時針或逆時針的方式將桶身與背板邊緣固定在一起，最後用刨刀修飾四周。

圖片提供__本木源基空間設計

Step 5　面材選擇與施作

面材可選擇系統櫃，或是木作貼皮，以白膠或其他接著劑將面材與板材黏合，確保表面平整，四周以美工刀裁邊修飾，確保邊角平順。

Step 6　裝設五金組合

依據蓋 6 分或入柱的櫃體形式選擇絞鍊，裝設時可先將絞鍊鎖於櫃體側進行固定，接著鎖上門片。微調絞鍊螺絲，確保開合順暢。

圖片提供__本木源基空間設計

Plus+　施作工序小叮嚀

☑ 施作時必須以圖面為準，確認開關預留的位置，並與水電確認管線是否需進行預埋，才能開始作業。

☑ 固定板材時，應注意釘槍或鎖螺絲的方向應垂直，避免方向歪斜穿破板材。

現場監工驗收要點

☑ **檢查外觀與尺寸**
確認櫃體尺寸是否與圖面相符，面材不可有髒汙破損，封邊應平順完整。

☑ **確認門片開合是否順暢**
實際開合門片，確認使用是否順暢，會否磕碰到其他的門片，是否有聲響。

抽屜、層板

木紋與深色搭出人文感，
開放式書櫃方便隨手拿取

搭配之工程

1 水電工程
確認面板延伸的位置和尺寸，延長壁面的開關與插座孔線路，捆綁好線路。

2 油漆工程
木作完成後，請油漆師傅上底漆與保護漆，並且確保成品平整而不影響原本紋理。

3 木地板工程
所有櫃體完成後施作，需與櫃體留有 1cm 的伸縮縫，其中包含要塞防潮布、PE 墊的厚度。

施工準則　依據屋主書籍的尺寸、厚度，設計層板的荷重與間距。

在替櫃體規劃抽屜、層板時，設計初期便要先確認有哪些尺寸的書籍、物品要擺放，像是收納一般 A4 大小的書籍，層板厚度約為 2cm，若是需要安放尺寸較大、較厚重的書籍，層板厚度則為 4cm，承載性相對較足；之間還可以再小隔層板，有如書檔也方便書籍的分類整理。至於在抽屜部分要留意滑軌五金的安裝，先依據尺寸在側板上鑿孔安裝，抽屜兩側邊除了扣掉滑軌厚度，也要記得將貼皮厚度一併扣除，避免卡住。

屋主有大量的藏書且有頻繁的閱讀需求，因此樂創空間設計團隊以大面開放式的書牆設計回應所需。

圖片提供__樂創空間設計

板材與角料

Material 1：夾板

抗彎曲性強的材料，封板常用的材料，能以疊加的方式增強結構。

Material 2：實木皮

有自然的紋理呈現，利用取下的木皮加工處理，經過乾燥與防腐後使用，此書櫃需要使用十張以上的木皮。

Material 3：木心板

支撐結構強，時常作為櫃體材料應用。

Material 4：波麗板

抗刮性較實木皮強，無須另外上保護漆。

Material 5：美耐板

耐刮耐撞、防水防火，耐受力良好，紋路設計樣式精緻，不須另外上保護漆。

Plus+　選用與使用木材小叮嚀

☑ 波麗板耐刮的特性常運用於抽屜櫃內，價格比實木皮便宜，運用於櫃內是經濟實惠的做法。
☑ 木心板與夾板是木作的基本材料，支撐力良好，需大量的膠黏合，施作後應通風讓揮發物質散去。

抽屜＋層板施工順序　Step

現場放樣 ➔ 裁切材料＋局部組裝 ➔ 固定櫃體 ➔ 貼皮 ➔ 上保護漆 ➔ 安裝抽屜和門板

Step 1　現場放樣

本案上方天花板包梁與冷氣管線，須搭配天花板高度做書櫃規劃，還結合拉門設計，留意退縮櫃體至門片的厚度。因此在放樣書櫃尺寸時，除了細細拿捏這些尺寸外，還須精準放出插座和開關面板位置。

Step 2　裁切材料＋局部組裝

在木工廠先裁切所有材料，櫃身和層板以木心板裁製出洽當的尺寸，較厚的層板則是疊加兩片木心板增強支撐性，門板則是先用角料去打框，中間有橫向結構，最後用兩片夾板封起來。接著會在木工廠裡進行部份組裝，先組裝大框再上層板，最後才是底板，組件大小必須考量到能順利通過電梯以及大門。

Step 3　固定櫃體

將在工廠組裝好的櫃體繼續在現場完成，接著靠牆鎖好固定。

圖片提供＿樂創空間設計

Step 4　貼皮

順過木頭紋理後，以蚊釘或白膠、強力膠做黏合，書櫃地板使用深灰色美耐板材質，門片櫃內使用波麗板。

Step 5　上保護漆

修邊打磨過先上一層底漆，再上保護漆，最後再打磨。

櫃體深度 40cm，挑選 30cm 緩衝滑軌，依尺寸在側板上鑿孔安裝，屜身兩側除了扣掉滑軌厚度，也要把貼皮的厚度扣掉，避免卡住。長門板內則是使用拍門器，要注意安裝位置才不會讓門縫過大，以及門片的重量不影響開門效果。

Plus+　**施作工序小叮嚀**

☑ 放樣過程難免有誤差值，若誤差到 3cm 以上就要檢查櫃體尺寸和比例，調整好每片層板的間距，有時是天花板因冷氣管線降低高度，這都必須現場檢查。

☑ 將開關面板設置在側板的位置，不僅視覺上有隱藏效果，也方便操作。

☑ 落地式櫃體下方仍要做處理，以木心板和夾板疊加共 3.2cm，讓櫃體高出木地板 2cm。

☑ 拍門器可以幫助櫃體的門板設計更為俐落，手壓即開的方式增加取用便利性，也不需要另外設計門把。

現場監工驗收要點

☑ **依照圖面驗收所有尺寸**
除了櫃體的長、寬、高、深度，層板的間距也要做確認。

☑ **檢查實木皮表面的精緻度**
確認表面塗過保護漆後沒有「流鼻涕」的狀態，所有的面都應該是平整的，並且木紋的紋路也是自然銜接的。

隱藏式把手

線條俐落，櫃體立面更加簡約清爽

搭配之工程

1 木作工程

木作隱藏式把手通常與木作櫃一同進行，先將櫃體組裝、固定之後，接著再施作門片把手、抽屜把手。

施工準則　**留意把手的弧度與斜度設計能否方便開關，確認無誤再上面材。**

木作櫃體把手大致上可分為造型把手與隱藏式把手，其中隱藏式把手設計方式包含在門片上內嵌五金，或是透過木工師傅施作。木工師傅施作的隱藏式把手，比較常見的是門片斜切 45 度角，另外一種是量身訂製想要的造型，例如半弧形或是細長形開口……等，斜切的優點是櫃體或抽屜立面看起來更加簡約乾淨。不論是哪一種形式，施作後務必都要先試著抽拉看看，確認斜度或特殊的造型開啟是否流暢，建議把手開口寬度要在 2 ～ 2.5cm 左右，比較貼近人體工學尺度。

此案屋主因希望簡約之中帶有些微小變化，整體空間框架保持垂直水平線條，於是 FUGE GROUP 馥閣設計集團利用把手、天花等細節加入弧形造型，賦予設計巧思。
圖片提供＿ FUGE GROUP 馥閣設計集團

板材與角料	Material 1：木心板
	耐重力佳、結構扎實，五金接合處不易損壞，且不容易變形。
	Material 2：夾板
	具有硬度高、堅固、支撐力強的優點，防潮係數佳、不太受熱脹冷縮影響。

🔧 Plus+ 　選用與使用木材小叮嚀

☑ 把手底材基本上可用木芯板或夾板損料施作，但如果最終表面想要烤漆，在收邊的木皮部分建議選擇淺色且木紋乾淨的木皮當作烤漆的底。

☑ 凹面的造型或是具有斜度的位置，建議也應以油漆打磨處理，才不會刮傷手。

隱藏式把手施工順序　Step

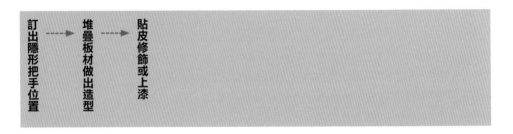

訂出隱形把手位置 ---→ 堆疊板材做出造型 ---→ 貼皮修飾或上漆

Step 1 　訂出隱形把手位置

裁切好門片板材，先訂出把手位置並先做出最大範圍框架。

圖片提供＿ FUGE GROUP 馥閣設計集團

Step 2　堆疊板材做出造型

框架完成後,再依序裁切板材慢慢以釘槍固定、堆疊出弧形造型。

圖片提供＿FUGE GROUP 馥閣設計集團

Step 3　貼皮修飾或上漆

確認把手弧度和斜度沒有問題之後,再利用貼皮或是上漆方式修飾即可完成。

圖片提供＿FUGE GROUP 馥閣設計集團

⚙ Plus+　施作工序小叮嚀

☑ 貼皮修飾時留意木皮的對花紋理方向。

☑ 若後續完成面是烤漆處理,門片材料為萬用底板或密底板,但密底板還是容易有變形的問題,建議選擇萬用底板。

☑ 以半弧形的把手開口為例,即便後續門片立面選擇用烤漆處理,但弧形處仍會看到板材堆疊的結構面,這邊建議選用淺色貼皮包覆再去烤漆比較細緻。

⚙ 現場監工驗收要點

☑ **把手造型完成後進行試拉**
隱藏把手的造型粗胚完成之後,應先進行抽屜試拉動作,確認弧度、斜度是否順手好拉取,此階段尚可進行調整或修補造型,待確認無誤才可以貼木皮。

☑ **造型處需留意是否會刮手或有木刺**
把手造型凹入處需進行砂磨,並確認是否會有刮手或木刺的狀況,以便後續油漆品質較為細緻。

空間修飾木作
工法實例解析

住宅格局不盡相同，難免因一些歪斜牆面、梁柱，產生畸零地帶，有的看起來不舒服，有的甚至可能產生採光、風水、難以清潔等不良影響。利用變化多端的木作做修飾，既可解決家中畸零空間的困擾，還能塑造更完美的生活環境。隨系統板材發展至今，有設計者以系統板為材、運用木工術來做空間修飾，到了現場只需組裝，可減少粉塵等汙染，美觀性、細緻度也讓人驚艷。

專業諮詢／日作空間設計、工一設計 One Work Design、御坊室內裝修規劃設計

工法一覽

	修飾畸零地	修飾柱體	木工＋系統─修飾橫梁
特性	利用木作修飾，輕鬆化解不平整區塊，機能性也連帶升高。	柱體過於巨大，運用收納櫃塑造成平面，弱化柱子在空間的強度。	以系統板材結合木工替空間進行修飾，利於施作過程中減少粉塵的污染。
適用情境	格局歪斜想透過木作加以修飾，讓空間更趨完整。	因格局配置關係，有許多柱子矗立，想透過木作包覆、修齊線條。	想嘗試以木技為術，並利用系統板材來做造型表現。
施作要點	施作時若有要拆卸牆，務必確認是否為結構牆，一般較不建議破壞結構牆。	建議在現場放樣完後，加以確認整體比例是否會過大，可即時做調整。	系統工程建議安排在最後一道工序進場，以免其他工序損壞櫃體。
監工要點	邊角處的精緻度是否理想、新砌和新設機能是否契合。	檢查外觀與尺寸、以櫃體包柱要確認桶身的垂直性是否到位。	不同工序進場先做好櫃體保護櫃、完成後後的櫃體使用是否順暢。

※ 本書記載之工法會依現場施工情境而異。

修飾畸零地

利用木作修飾，增強畸零空間的使用性

搭配之工程

1 水電工程
進行電源管線配置，包括燈具、插座等，按設計圖重新拉出正確位置。

2 隔間工程
新砌隔間以木作隔間為主，屬輕隔間的一種，本身載重輕、施工快速，也很適合用在鋼骨結構大樓裡。

施工準則 記得補強新隔間上層板、機能的結構，提升支撐性。

建築設計使得每個空間的格局不盡相同，難免會多一塊畸零地，不僅影響了動線，無形中還浪費了坪效、失去美觀，不妨利用木作修飾，輕鬆化解不平整區塊，機能性也連帶升高。施作時若有要拆卸牆，務必確認是否為結構牆，一般較不建議破壞結構牆，另外也建議在封板時上兩層板材，整體相對穩固，隔音性也比較好。再者要注意，若要在新隔間上加設層板、機能等，這區域的骨架結構要加以補強，以增加承載性。

日作空間設計將客、餐廳合而為一，輔以兩側充沛的收納櫃體，滿足必須的生活機能。　　　　圖片提供＿日作空間設計

板材與角料

Material 1：角材

角材厚度不同，以 1 吋 8 的角材作為隔間骨架，層板骨架則以層板的厚度來評估所需的角才尺寸做搭配。

Material 2：夾板

考量隔間完成面厚度，會以 2 分夾板加上 2 分矽酸鈣板 2 層的厚度作為面板，一般簡易的居家裝飾（時鐘、相片框）可以輕鬆地壁掛在牆面上；如考量到承重須掛放一些掛勾或是較重的畫品，可將底材的 2 分夾板更換到 3 分～ 4 分，剩至配合未來要鎖櫃體或做層板可加強到 6 分的厚度做結構加強。

Material 3：木心板

不易變形的木心板常作為櫃體桶身材質，一般多以 6 分板為主。

Material 4：實木皮

將原木以刨切等技術，削出一片片均勻的木皮，因取自原木有著天生自帶的木紋肌理，相當地自然。

Material 5：矽酸鈣板

其材質較硬且收縮率不大，具有防潮的效果，用於內部隔間內側較不會有問題。

✿ Plus+　選用與使用木材小叮嚀

☑ 若隔間有要掛重物，那麼在封板時夾板可改以 3 分或 4 分的，承載、吊掛性能又會更好一些。

☑ 通常隔間厚度不一，7cm 或 8.5cm 均有，若完成面是以上漆收尾，在扣除矽酸鈣板的厚度後，即可定出合適的夾板種類。

☑ 若貼覆完木皮後還需上底漆，在上底漆前可先以砂紙推過藉以檢查木皮是否瑕疵。

修飾畸零地施工順序　Step

現場放樣 ⇢ 拆除 ⇢ 水電佈線 ⇢ 立隔間骨架、填入 ⇢ 隔音材 ⇢ 隔間封板 ⇢ 餐桌骨架下櫃體、層板、 ⇢ 組裝層板封板、櫃體 ⇢

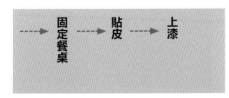

⇢ 固定餐桌 ⇢ 貼皮 ⇢ 上漆

Step 1　現場放樣

因重新設定牆面出入口，透過實際放樣準確抓出尺寸數值，並記於牆面做上記號。

Step 2　拆除

按放樣所設之記號，利用工具先切割再打鑿牆面。

圖片提供__日作空間設計

Step 3　水電佈線

拆除工程結束後，輪到水電工程進場，設定整個空間以及該區的電源佈線，並依序留出管線路徑和出線盒位置。

Step 4　立隔間骨架、填入隔音材

以1吋8的角材搭設木作隔間骨架，接著先封上2分厚的夾板作為背板，以釘槍固定，這主要是讓隔音材料可填入且不會掉出來。設骨架時也同步先針對之後將加設櫃體、層板等部分結構的補強。

Step 5　隔間封板

最後鋪上矽酸鈣板，這時隔間的胚體已大致完成。

圖片提供__日作空間設計

Step 6　下櫃體、層板、餐桌骨架

因新砌的隔間又再延伸出櫃體、層板、餐桌等機能。利用角材、木心板等製作出玄關落地和懸吊櫃，以及面向餐廳層板和支撐餐桌的骨架，透過膠合、釘槍做固定。

圖片提供__日作空間設計

Step 7　層板封板、櫃體組裝

接著進行層板之間的封板，矽酸鈣板之間留出一定的縫隙（單一邊約 3～5mm），好讓後續可進行批土修飾。櫃體部分則會進行櫃內元素的組、合門片等。

圖片提供__日作空間設計

Step 8　固定餐桌

在固定餐桌前也會預先將餐桌製作好，利用蝴蝶鉸鍊做銜接，讓桌面可以做 90 度角的開啟與閉合。固定餐桌是使用類似卡榫概念，在欲卡入的桌板兩邊鑿出溝槽，讓桌板能順勢嵌進去。嵌進之前先上膠而後才嵌入，最後再以釘槍補強固定。

圖片提供__日作空間設計

Step 9　貼皮

於木皮及層板面各自上膠，待膠乾後再進行貼合，貼合過程要推出貼面間的空氣，接著再用修邊刀、砂紙修正邊緣。

圖片提供__日作空間設計　　　　　　　　　　　圖片提供__日作空間設計

Step 10　上漆

最後木作部分上底漆，讓整體更美觀；隔間牆部分同樣也是批土後上漆裝飾。

🔧 Plus+　施作工序小叮嚀

☑ 封板時一定要留足夠的縫距，若是留的不足，表面容易產生裂痕。
☑ 貼皮時，在木皮、層板面上膠時記得要推均勻，避免木皮掀角或翹曲。
☑ 若貼覆完木皮後還需上底漆，在上底漆前可先以砂紙推過藉以檢查木皮是否瑕疵。

🔧 現場監工驗收要點

☑ **邊角處的精緻度是否理想**
　層板、櫃體、餐桌最後都有貼皮修飾，最後表面應加以打磨，可摸一摸看精緻度是否確實。
☑ **木桌與牆面是否結合好**
　木桌是以嵌入方式鎖進牆面，完工後仍要留意銜接處是否確實接合。

修飾柱體

結合柱子量體與收納櫃，
弱化巨大視覺存在感

搭配之工程

1 水電工程

假如柱體上面有原本的開關插座，則會搭配水電工程配置電線，並依據現場施工狀況彈性調整。

2 油漆工程

塗料長期靜置會有沉澱的狀況，因此，塗料使用前一定要以攪拌棒依順時鐘方向充分攪拌均勻，讓上下漆料不會有色差，才能呈現完美色調。

施工準則

導圓角減化柱體銳利度，板材塑型與調整外觀。

一般來説，設計師會選擇修飾柱體的考量，主要是希望簡化柱子量體，同時考量空間的整體現況，假如柱子旁的空間足夠，還能將巨大的柱體運用收納櫃塑造成平面，弱化柱體在空間的強度。以此案例為例，修飾柱柱體的工程主要還是運用角材為主，因為修飾柱體必須要先塑型，設計師透過四周的導圓角，讓柱子的銳利度再減化一些。當左右兩側圓弧型牆面釘完之後，剩下的空間才去規劃櫃體，封板完之後，會先放置櫃體桶身，才去做層板的施做。

通常老屋的 RC 結構的柱子會比較大一點，除了透過修飾柱體弱化視覺感外，還可以考量空間功能性，規劃收納櫃體。
圖片提供__工一設計 One Work Design

| 板材與角料 | **Material 1：角材**
修飾柱體的工程主要還是運用角材為主，因應不同區域使用的角材尺寸也略有不同，角材大致上可分為 12 尺（360cm）、8 尺（240cm），常用角材寬度尺寸為 1 吋 2 及 1 吋 8。
Material 2：木心夾板
一般夾板大多用來做為底板，之後會再以面材做修飾，夾板也有厚薄之分，可根據需求選擇不同厚度之夾板。層板所使用的波麗板也是木心夾板的一種。
Material 3：彎曲板
修飾柱體必須要先塑型，最後做封板動作，此案例在弧形立面使用彎曲板封板，此為板材的一種。
Material 4：矽酸鈣板
封板可使用夾板或矽酸鈣板，主要看面材是什麼，再去做選擇。 |

Plus+　選用與使用木材小叮嚀

☑ 矽酸鈣板貼覆於骨架上時，都需先使用白膠黏合，再用釘槍固定。白膠可加強板材與角材之間的黏著，避免板材脫落。

☑ 木心板重量較輕且具可塑性，已加工過的波麗板則可省去後續貼皮等修飾工作。

修飾柱子順序　Step

現場放樣 ----> 依角材與板材塑型 ----> 規劃櫃體 ----> 封板 ----> 面材施作

Step 1　現場放樣

平面圖確定完之後，師傅會依照圖面到現場放樣，並且依據現場去看看是否有遺漏掉之前管線上沒有考量到的地方。放完樣之後可能在大小比例上面是需要再調整，這些都可以依照現場去做調整。

Step 2　依角材與板材塑型

放樣完之後，木工就會開始依照角材去做外觀塑型，修飾柱體的弧型主要是利用木心夾板，將其切割成 1/4 圓的形狀，並卡在上下兩個角材中間。垂直的角材主要是為了讓封板的板材可以固定。

圖片提供＿工一設計 One Work Design

圖片提供＿工一設計 One Work Design

Step 3　規劃櫃體

左右兩側弧形修飾牆面設置完成後，剩下空間再去規劃櫃體。櫃體的構成是利用板材架構出桶身之後，再逐一將櫃內零件組裝完成櫃體，在組裝桶身前，須事前做好規劃，才能開始組裝動作。封板完之後，會先放置櫃體桶身，再去放置波麗層板。

圖片提供＿工一設計 One Work Design

Step 4 　封板

確認造型沒問題後封板，通常以同一種
材質來選擇封板材質，此處的弧形設計
搭配同樣屬於夾板板材的彎曲板。

Step 5 　面材施作

在面材施作階段須先做基本打底，在批土之前，需上 2 次 AB 膠，上完第一次的 AB 膠後
需間隔 24 ～ 48 小時以上，再施作第二次。AB 膠上完後須等 3 ～ 5 天再批土，以確保表
面的平整度。

⊕ Plus+ 　施作工序小叮嚀

☑ 比例上的拿捏很重要，修飾柱體在現場放樣完的比例，在整體空間內會不會看起來過大，必
　須到現場實際確認。

☑ 封板時最要注意的是板材之間的留縫間距，需留出一定的縫隙讓後續的油漆批土得以順利，
　若是留得不足，表面容易產生裂痕。

⊕ 現場監工驗收要點

☑ **檢查外觀與尺寸**
　確認櫃體尺寸是否與圖面相符，面材不可有髒汙破損，封邊應平順完整。

☑ **桶身測量垂直**
　組裝過程中，板材與桶身是否垂直，將影響組裝品質，因此在裁切板材與組裝桶身時，
　都須利用角尺重複測量是否垂直。

木工＋系統

(修飾橫梁)

善用系統板材，
減少施工現場廢棄物

搭配之工程

1 水電工程

重新分配水電管線與延長，預留踢腳板
插座，以供未來居家使用需求。

施工 準則	**牆壁、地面的垂直水平不能偏差太多，以免影響門片推拉順暢度。**

橫梁是空間中必要的骨架，多數人會以木工來進行修飾，不過傳統木工工序複雜，且貼皮是
否貼得美觀，端賴師傅技術好壞；隨系統板材發展至今，樣式愈來愈多樣化，裁切封邊都在
工廠完成，具減少現場施工廢棄物的優勢，開始有設計者將兩者結合，在丈量好環境尺寸後，
下訂所需的系統板材樣式，到了現場只需組裝，可減少粉塵等污染。不過要留意的是，系統
工程建議安排在最後一道工序進場，以免其他工序損壞櫃體，再者，系統衣櫃對壁地面垂直
水平度要求較高，注意收邊尺寸加大，老屋則可運用木工搭配修整壁地面的垂直水平度。

全室運用系統板材製作衣櫃與臥榻，統一視覺完整度也成功修飾掉橫梁。　　　　圖片提供＿御坊室內裝修規劃設計

| 板材與角料 | **Material 1:巴多利諾自然橡木系統板材**
系統板材長寬可達 280cm×207cm,但因為板材邊角會破損,
要預留 5cm 給工廠裁切修整。 |

Plus+ 選用與使用木材小叮嚀

☑ 組裝前先檢查板材在運送過程中有沒有撞到封邊,板材有無缺角等情形。

☑ 系統板材雖可長達 275cm 無接縫,但現場若需電梯運送板材,要注意電梯可容納限制,一般來說電梯可容納高度在 260cm 內為佳。

☑ 千萬別使用來路不明的板材,可能因甲醛含量不明或過高,散發濃烈刺鼻味,而影響健康,應選用經政府單位 CNS 驗測通過系統板材,才能確保居家健康與安全。

☑ 為了因應台灣海島型潮濕氣候,板材必須符合耐熱、防潮標準,常用基材種類有塑合板、發泡板和木心板,近年來無毒居家意識高升,系統傢具板材也因而再進化,推出低甲醛產品,打造更健康安全的居家空間。

木工+系統修飾橫梁施工順序 Step

現場丈量壁地面
垂直水平 ---→ 向工廠訂製
確定櫃體板材形式大小 ---→ 現場組裝收邊

| Step 1 | 現場丈量壁地面垂直水平 |

以雷射儀確認現場壁地面垂直水平度,為求美觀,在訂製踢腳板與側邊板不見光邊時,需預留修整空間到現場裁切。

圖片提供__御坊室內裝修規劃設計

144

Step 2　確定櫃體板材形式大小向工廠訂製

為了統合整體空間視覺，臥榻與衣櫃皆選用同種木紋外觀之系統板材，衣櫃樣式為三連櫃形式，中間櫃體為電視櫃與抽屜，左右兩邊為衣櫃。確認櫃體尺寸與板材形式後向工廠訂製。因裁切與五金裝設都在工廠完成，需注意櫃體設計與尺寸要十分精準，插座留待到現場開孔。不見光邊可不必封邊，萬一有些微差距現場可裁切調整。

Step 3　現場組裝收邊

系統櫃通常會放在最後一道工序進場，以免其他工序損壞櫃體。待天花板與油漆等工程完成後，最後再讓系統板材進場組裝。工廠運來的板材如同 IKEA 組裝櫃一樣會標示編號，照編號順序組裝即可，概念是先上下再左右，以櫃體左右側版為準將櫃框組合起來並裝上背板，下方調整腳鎖上移至定位，以上方木工抓平過的天花板為基準，用調整腳去調櫃體水平，水平調好門片推拉才會順滑。櫃體於定位固定後再裝上拉門，並以左右封板修飾與牆壁之間縫隙，下方則以踢腳板修飾，最後將抽屜組裝好裝上。

✿ Plus+　施作工序小叮嚀

- ☑ 注意現場裁切所使用鋸片鋒利度，不夠鋒利時進行裁切，會造成板材缺角，需注意適時更換鋸片。
- ☑ 使用水性矽利康收邊才能與壁面油漆良好接著，千萬不能使用油性矽利康。
- ☑ 組合時，個別櫃體中間要以螺絲固定互相吃力，KD 孔朝內不能朝見光面，利用圓孔 KD 片遮住 KD 孔收尾較為美觀。
- ☑ 通常會多訂一兩塊寬度 12cm 的踢腳板做為收邊備材。

✿ 現場監工驗收要點

- ☑ **留意櫃體與地面距離**
  確認櫃體與壁地面縫距大小，收邊矽利康是否太明顯。
- ☑ **不同工序進場先做好櫃體保護櫃**
  施工時若有不同工序進場，需注意櫃體保護措施，以免其他工序如油漆噴灑或碎料造成五金使用不順暢。
- ☑ **櫃體五金使用是否順暢**
  檢查門片與抽屜開闔是否滑順，萬一工廠準確度稍有偏誤，抽屜與自動回歸的鉸鍊卡住，就需要現場請師傅修改。

架高地板木作工法實例解析

區隔空間，除了實體隔牆，透過地面的高低差劃分不同空間的活動範疇也是一種方式。升高後的空間，還能利用設計增加收納與機能。一般來說收納設計多以抽屜式、上掀式為主，考量前者滑軌五金長度限制，深度約 50 ～ 60cm，上掀式則需注意在加裝撐桿時將門板重量一併算入，好讓掀門時可以有足夠的力量撐起門片。至於增加機能最常內嵌入升降桌，配合人體工學下凹空間可規劃在 40 ～ 45cm 之間。

專業諮詢／日作空間設計、構設計、敘研設計、FUGE GROUP 馥閣設計集團

工法一覽

	一般架高地板	架高地板兼抽屜	架高地板兼儲藏櫃	架高地板內嵌伸降桌
特性	利用抬高地坪所產生的落差製造隱形界線。架高地板主要是透過角材組出骨架，再依序下底板、鋪設木地板。	架高地板下方空間變是變化重點，利用地板升高的部分整合收納，善用空間之餘還能增加置物量。	利用架高處嵌入儲藏機能，置物空間相對深一點，除了抽屜也可變換成上掀式門片收的形式。	藉由地板高度的抬升，利用其空間嵌入升降桌，兼閱讀、品茗，收起桌子又可成為簡易客房。
適用情境	想利用高地差來劃分空間，保持場域的完整與通透。	善用墊高部分增加家中收納、置物的機能。	運用升高地板部分增加生活收納、置物的機能。	藉由抬高地板高，為空間創造出各種機能。
施作要點	組骨架的過程中，同時以雷射水平儀來抓結構各點的水平，另在結構的交界點也要適時地補強。	組裝過程中栽切板材與組裝桶身時，都須利用角尺重複測量是否垂直，避免影響品質。	注意櫃體和立面的貼合度，尤其是靠窗的那一面，不要讓它和窗面產生縫隙。	地板平整度與骨架結構都很重要，如果本身地板不平整，建議應先進行整平動作。
監工要點	察看實木貼皮的邊緣滑順度、完工後是否完整密合。	實際拉抽抽屜確認開闔、上方臥榻踩踏的穩定是否理想。	確認地板承受度、五金開關會不會卡卡的。	角材框架間距約30cm左右、釘製板材長邊記得要在角材上。

※ 本書記載之工法會依現場施工情境而異。

一般架高地板

架高地坪有效劃分空間領域

搭配之工程

1 木地板工程

架高後的地板只有貼覆夾板的完成面，需透過鋪設木地板來做修飾，好讓空間地坪效果是一致的。

施工準則　　**水平修正做確實，地板就會又平整又好看。**

劃分空間的方式，除了實體隔間，另也有人會以抬高地坪來做取代，利用高度上的落差製造隱形界線。架高地板主要是透過角材組出骨架，再依序下底板、鋪設木地板。施作前先確認是否在地板下方打造收納空間，如此一來才能與之對應架構骨架，再進行後續的封面與木地板鋪設，此外，因架高地板會有踩踏動作，骨架建議寬向間距約 30 ～ 40cm，以免踩踏時地板凹陷。最後要留意收邊，因木地板有超耐磨、海島型木地板之分，兩者收邊條不太一樣，在選擇木地板時應一同挑選好。

日作空間設計利用地坪的高低差劃分領域，同時創造出開放、自在的生活感。

圖片提供__日作空間設計

板材與角料

Material 1：角材

以 1 吋 8 的角材作為架高地板的骨料，這樣承載力才足夠。

Material 2：夾板

作為底板的夾板，一般 3 分、4 分、6 分的都有在使用，建議選 6 分較為理想。

Material 3：海島型木地板

其表層為實木厚片，底層再結合其他木材所製造而成，以膠合技術一體成型，成具有防水功效，也因此達到能抗變形、不膨脹、不離縫的情形。

Material 4：實木皮

實木貼皮的厚度從 0.15 ～ 3mm 都有，通常厚度越厚，表面的木紋質感越佳，但越厚價格相對就越高。

⚙ Plus+　選用與使用木材小叮嚀

☑ 實木皮的層數稱之為「條」，100 條 =1mm，以實木貼皮來說，30 條、50 條已算厚的，若要以貼木皮收邊，且又要修邊打磨的話，避免選厚度太薄的，如果太薄就沒有打磨的條件。

☑ 若選用的是超耐磨木地板，並以實木收邊條做收邊，因過程會以上背膠、打釘做密合，收邊這部分就不算在超耐磨木地板的保固裡，宜多留意。

一般架高地板施工順序　Step

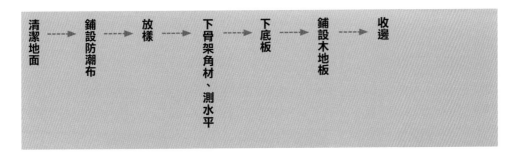

清潔地面 ⇒ 鋪設防潮布 ⇒ 放樣 ⇒ 下骨架角材、測水平 ⇒ 下底板 ⇒ 鋪設木地板 ⇒ 收邊

Step 1　清潔地面

施作前進行地板的清潔，避免髒汙殘留於地面。

Step 2　鋪設防潮布

先以竹炭替環境進行除濕，而後再將防潮布舖設於施工地坪上，預防濕氣滲入。

Step 3　放樣

雷射水平儀在牆面做出所需架高地板高度的記號，標出預計完成平面高度 10cm 之後（含木地板），扣除地板以及夾板厚度，其餘為角材架設高度。

Step 4　下骨架角材、測水平

以 1 吋 8 的角材先框出架高範圍，接著再以地板下主骨架，骨架結構會分成上下兩層交錯，分別成橫向、直向，下層間距約 60cm、上層間距約 30cm。組骨架的過程中，同時以雷射水平儀來抓結構各點的水平，另在結構的交界點也要適時地補強。

圖片提供__日作空間設計

Step 5　下底板

以 6 分夾板作為底板，依序在底板、結構處上膠，覆蓋上夾板後可讓整個結構更為牢靠，未來踩踏時比較不會有飄浮的感覺。上完膠後再用釘針固定。

圖片提供__日作空間設

Step 6　鋪設木地板

架高地板完成後則是進行木地板工程，
按所選的樣式進行鋪設。

圖片提供＿＿日作空間設計

Step 7　收邊

因地板有做弧線造型，但是木地板無法
彎曲，於是在圓弧處，從上面至側邊，
依序用了海島型木地板、實木收邊條、
皮板等進行收邊修飾，最後再以染色處
理，與地坪顏色一致。

圖片提供＿＿日作空間設計

⊕ Plus+　施作工序小叮嚀

☑ 若是選用超耐磨木地板，記得在鋪設時周圍要記得預留伸縮縫的空間。

☑ 鋪木地前應於施作面去除灰塵粉粒，待表面平整後再施作，避免影響平整性。

⊕ 現場監工驗收要點

☑ **察看實木貼皮的邊緣**

以實木貼皮察看轉角邊緣是否有黏貼整齊，若不平整，可以修邊刀處理直到滑順。

☑ **完工後確認是否密合**

在上完底板時宜先做一次踩踏，走走看是否有出現聲音，若有則需重新校正。鋪設完木
地板時宜也再做一次檢查，看有沒有牢固。

架高地板兼抽屜

地板下方加做抽屜，輕拉即可取物

搭配之工程

1 木地板工程
架高後的地坪以夾板作為上方木地板的底材，藉由上方鋪設木地板，讓完成面更為舒適。

施工準則 | **抽屜深度約 50cm，避免收納過滿、過重不好拉開。**

空間規劃架高地板，除了劃分領域、突顯整體的獨特性外，下方空間亦是變化的重點，利用地板升高的部分整合收納，善用空間之餘還能增加置物量。整合收納時一定要先確定好位置，一是因收納和架高地板骨架的架設不同這會關係到架高所要下的骨架形式；二是如果要做抽屜式，其深度不可以過深，滑軌全展開一般長約 55cm，市面上有一些特殊規格三節式滑軌長可以到 100cm，但考量到承重與緩衝的搭配功能，建議深度最好落在 60cm 內，避免過深要評估物件擺放的承重性，且沒有足夠的空間將抽屜全部展開，導致使用上也較不便利。

利用架高下方處增加抽屜、開放式收納，一部分可以收放生活小物，一部分則是讓掃地機器人有自己的家。

圖片提供＿日作空間設計

板材與角料

Material 1：角材

以 1 吋 8 的角材作為架高地板的骨料，承載力較足。

Material 2：夾板

作為底板的夾板，一般 3 分、4 分、6 分的都有在使用，可以依地板所設定的材質與完成面高度決定夾板的厚度。

Material 3：木心板

上下外層為 3mm 的合板，中間以木心廢料壓製而成，有 5 分、6 分、8 分三種厚度。

Material 4：超耐磨木地板

超耐磨地板依結構有底材、防潮層、裝飾木薄片和耐磨層，具耐磨、防焰、耐燃和抗菌等優點。

Material 5：實木收邊條

實木收邊條有多樣尺寸可搭配選擇，另一好處是可以進行染色，效果可與木地板接近。

⚙ Plus+　選用與使用木材小叮嚀

☑ 使用木心板製作櫃體桶身時，要注意木心板條的方向，避免變形情況。

☑ 抽屜屜牆板使用板材不須太厚，廣泛一般用 4 分夾板，若需要加厚要留意五金滑軌的承載性可以搭配 6 分木心板；抽屜底板考量承重支撐性建議會搭配 2 分夾板。

架高地板兼抽屜施工順序　Step

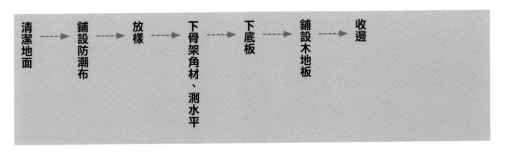

清潔地面 ‑‑‑► 鋪設防潮布 ‑‑‑► 放樣 ‑‑‑► 下骨架角材、測水平 ‑‑‑► 下底板 ‑‑‑► 鋪設木地板 ‑‑‑► 收邊

清潔地面

施作前先進行地板清潔作業。

Step 2 **鋪設防潮布**

因一部分屬單純架高地板,先以竹炭替環境除濕,接著再鋪上一層防潮布。

Step 3 **放樣**

利用雷射水平儀在牆面做出架高地板高度的記號,標出預計完成平面高度 20cm 之後(含木地板),扣除地板、夾板、頂板等厚度,其餘為角材、桶身的架設高度。

圖片提供__日作空間設計

Step 4　下骨架角材、測水平

架高地板部分以 1.8 吋 ×1 吋的角材先框出架高範圍，接著再下直、橫向的骨架；這裡的抽屜尺寸為高 16cm、寬 76cm 、深度 55cm，以 4 分木心板架桶身骨架，包含底部、兩側邊，因抽屜還需連結旁邊的開放式收納，特別多做了一層頂板，作為抽屜與開放櫃銜接的支撐面。建議在組骨架的過程中，仍要以雷射水平儀來確認水平，若有介面高低差不同的情況，可在後續下底板時利用不同厚度的夾板調整水平。

圖片提供＿日作空間設計

155

以 4 分夾板作為底板，依序在底板、結構處上膠，最後才是覆蓋，並用釘針固定。

圖片提供＿日作空間設計

Step 6　鋪設木地板

架高地板完成後則是進行木地板工程，此案所選為超耐磨木地板，以卡扣式做拼接即可。

圖片提供＿日作空間設計

Step 7　收邊

木地板拼接到最後邊角時會有溝縫，必須做收邊以免被側邊銳利處刮傷。此案以實木收邊條為主，加以染色處理，使效果與木地板一致。

圖片提供＿日作空間設計

Plus+　施作工序小叮嚀

☑ 組裝過程中桶身確認是否垂直，將影響組裝品質，因此在裁切板材與組裝桶身時，都須利用角尺重複測量是否垂直。

☑ 組裝桶身的過程中，常因裁切板材而有木屑粉塵，在安裝鉸鍊時應注意是否確實清除，避免五金因入塵，而造成使用不順暢。

☑ 製作正面抽的抽屜時，要留心是否有足夠空間可供抽屜拉開。

現場監工驗收要點

☑ **實際抽拉抽屜確認開闔**
施作完畢，直接拉一拉看抽屜的開闔是否理想，五金滑軌的運行是否會卡卡。

☑ **踩踏的穩定度要理想**
架高上方幾乎是經常在坐、臥使用，穩定度一定要足夠，不能有鬆動甚至發出「咯吱」響的情況。

架高地板兼儲藏櫃

利用架高空間藏收納，
使用效率連帶提升

1 水電工程
因應地板架高和書桌的位置，重新調整插座位置方便使用。

2 油漆工程
地板完工後，批土將水電、木作工程時造成的壁面溝縫填平，最後再塗上漆料，美化空間。

3 玻璃工程
此案為了當客房使用時的獨立性，以及光線穿透性，選擇了灰玻拉門。將切割好的玻璃，搬至現場包角、裝上門把後完成安裝。

施工準則　規劃收納不是愈多愈好，還需考量人體工學和天花高度。

兼具儲藏櫃收納機能的架高地面能更有效的運用空間坪數，不僅增加收納空間，架高的平面區域又能為房間數不夠的小坪數家庭，提升使用上的效率。架高地板嵌入儲藏機能前，要仔細思考家人使用的便利性與舒適度，首要先確定會收納怎樣的物品，如果要放重物，太深的櫃子拿取上會不方便；若架高地板的空間需結合其他功能，最好也預先提出，機能安排可以更完整。此外天花板高度太低，會對架高區造成壓迫感，不建議再施做太高的架高地板。

架高地板簡約空間線條，以 45cm 的高低層次界定出多功能室，創造公領域整體的通透與層次感。　圖片提供＿構設計

板材與角料

Material 1：超耐磨木地板

由高溫擠壓合成的板材，密度高、表面經過特殊處理，不易刮傷或造成凹痕。

Material 2：木心板

木心以實木條拼貼而成，上下兩面為厚度大約 2mm 的薄木片夾板。

Plus+ 選用與使用木材小叮嚀

☑ 超耐磨木地板有分為平滑表面和仿木紋質地，建議選擇仿真款式，視覺和觸覺都更接近實木質感。

☑ 超耐磨木地板表面不需額外再塗上保護層。

架高地板兼儲藏櫃施工順序　Step

現場放樣 ---▶ 製作櫃體 ---▶ 鋪墊木心板 ---▶ 安裝特殊五金 ---▶ 預留拉門軌道 ---▶ 貼上超耐磨木地板

Step 1　現場放樣

在工地現場依照立面圖，繪出具體尺寸，現場進行調整，包含水電配置也在此階段進行調整。

圖片提供＿構設計

圖片提供＿構設計

Step 2　製作櫃體

確定好櫃子的深度、數量、使用方式之後，
依照丈量好的尺寸釘製櫃體。

圖片提供＿構設計

Step 3　鋪墊木心板

在底部鋪墊 6 分木心板，約 1.8cm 厚，加強承重度。

Step 4　安裝特殊五金

再次確認上掀門開啟的方式和角度，為了承重門板較一般櫃門厚重選用緩衝型五金。

Step 5　預留拉門軌道

此案拉門位於風口下，為了避免因風吹搖晃、發出聲音，因此選用有上下軌道的拉門，需
要在預留拉門軌道的位置，讓架高地板的最高高度都在同樣的平面上。但如果希望拉門不
會因為風吹就發出聲音、更穩定，而選用有上下軌道的拉門，記得事先預留拉門軌道的位
置，讓架高地板的最高高度都在同樣的平面上。

圖片提供＿構設計　　　　　　　　　　圖片提供＿構設計　　　　　　　　　　圖片提供＿

Step 6　貼上超耐磨木地板

將超耐磨木地板與櫃體貼合。

圖片提供＿構設計

🐢 Plus+　施作工序小叮嚀

☑ 注意櫃體和立面的貼合度，尤其是靠窗的那一面，不要讓它和窗面產生縫隙。

☑ 櫃門如果大片就會笨重不好開，但如果太多，不僅會影響承重度，要開闔取物也很不方便，
　因此充分了解使用者的使用習慣，才能真正發揮收納的最大效益。

🐢 現場監工驗收要點

☑ **確認地板承受度**
　實際在上方踩踏，看看地板是否都密合穩固，沒有懸浮感、發出異音。

☑ **邊角的地方是否順手**
　用手觸摸接縫處、櫃子的邊角是否會刮手。

☑ **五金零件使用上會不會卡卡**
　實際使用，確認五金開關是否省力、安全，不會搖晃。

架高地板內嵌伸降桌

善用高度為空間創造收納、休憩機能

搭配之工程

1 拆除工程
此案為中古屋翻修，必須先拆除原始地板材質至 RC 結構層。

2 泥作工程
地板拆除後，泥作進行粗胚打底動作，讓地面獲得平整的水平結構。

3 水電工程
進行電線配置，包含升降桌電線配管及其他插座迴路。

施工準則　拆除地面後先粗胚打底再下角材，後續骨架才會平整。

架高地板可藉由地板高度的抬升，為空間創造出各種機能，包含增加上掀式、抽屜收納，或是加入升降桌規劃，兼具閱讀、品茗等用途，同時還能彈性作為客房使用。不過設計施工上必須留意，不同的功能也會影響架高高度的設定，以此案為例，由於架高地板納入升降桌面設計，架高高度約為 40cm 左右，若僅作為場域之間的界定，也沒有需要收納的話，通常高度約為 5～10cm，但假如要設置抽屜或是上掀式收納，至少都會預留 35cm。不論是哪種架高高度，地板平整度與骨架結構都非常重要，如果本身地板不平整，建議應先進行整平動作，否則日後踩踏很有可能出現聲響。

公共場域另闢一架高和室搭配升降桌，讓好客的屋主夫婦能和親友們泡茶敘舊，架高地板底下兼具弧形抽屜，收納機能更完善。

圖片提供__ FUGE GROUP 馥閣設計集團

板材與角料

Material 1：集成角材

為木頭削片壓製膠合，較不易產生蛀蟲以及熱漲冷縮問題，規格為 1 吋 8。

Material 2：木夾板

夾板是由奇數薄木板堆疊壓製而成，過程中木片會依不同紋理方向做堆疊，藉此增加承載耐重、緊實密度以及支撐力。

Material 2：木心板

需要鎖固設備底座的地方，以及升降桌開口四周的立面框都會使用木心板。

✤ Plus+　選用與使用木材小叮嚀

☑ 木夾板常用厚度有 2 分、4 分、6 分，作為架高地板之底板使用，通常如果連表面材都是木工師傅施作，一般會選用 6 分。

☑ 角材間距不可太寬，若需使用收納櫃作為支撐，也要留意收納櫃分隔寬度。

架高地板內嵌升降桌施工順序　Step

訂出高度位置（垂直）--→ 下角材組出框架 --→ 下底板（夾板）--→ 鋪設表面材

Step 2　訂出高度位置（垂直）

在做好粗胚打底的地面，根據設計圖面設定，先訂出完成後的高度位置。

下角材組出框架

根據訂出的高度依序使用角材搭出木地板的框架範圍，預留中間升降桌的位置，側邊也要
組好抽屜桶身框架，將抽屜先放置進去。

圖片提供__ FUGE GROUP 馥閣設計集團

Step 3 **下底板（夾板）**

當角材下完之後，會接著上一層 6 分夾板，利用白膠和釘槍固定，作為輔助最底層角料，
再次加強地板結構。

圖片提供__ FUGE GROUP 馥閣設計集團

Step 4　鋪設表面材

底板完成後便可以鋪設表面木地板，同時延伸包覆於升降桌內部，讓材料有延續一致的視覺效果。

圖片提供__ FUGE GROUP 馥閣設計集團

◆Plus+　施作工序小叮嚀

☑ 設計師設定好總厚度後，由師傅依照施工去完成，木工師傅會預留需要的尺寸給木地板廠商，或是由木工直接完成。若後續是由木地板廠商鋪設，因施作時還會再上一層夾板，因此木工師傅通常僅會下 4 分夾板，但如果整個工程都由木工師傅承包，建議可直接上 6 分夾板，接著就鋪表面材。

☑ 骨架完成後一併先將右側弧度疊加包覆上去。

☑ 升降桌範圍會先以夾板或木心板鎖在水泥地上，接著再將升降桌五金鎖於夾板或木心板上。

☑ 表面地板材為曲木，裁切時須注意升降桌面與地板的紋路是否對齊。

◆ 現場監工驗收要點

☑ 角材框架間距約 30cm 左右
由於架高地板必須承受行走踩踏，骨架間距建議以 30cm 為基準，確保結構與支撐力穩固紮實，也能減緩日後踩踏產生聲響。

☑ 釘製板材長邊記得要在角材上
釘底板時一般留自然縫，長邊在角材上，才能讓釘的密度下得穩固一些，也要注意在封板材之前，確認下方環境清掃，檢查是否有不小心釘出來的釘子。

臥榻木作工法
實例解析

愈來愈多人選擇利用臥榻設計打造舒適的窗邊棲地,它不單只有坐、臥功能,善用下方空間或是稍微拉大一點尺寸,它可以是收納櫃及簡易客床,甚至也能串聯書桌、櫃體,讓臥榻變功能變更多。臥榻多半鄰窗而設,恰巧窗邊空間常有稜有角,藉由木作臥榻的修飾,化解格局不平整問題,還能把每一寸空間善用極致。

專業諮詢╱樂創空間設計、拾隅空間設計 Angle Design Studio、澄橙設計、敘研設計

工法一覽

	一般臥榻	臥榻結合櫃體	臥榻結合書桌	座椅式臥榻	凹窗式臥榻
特性	臥榻在規劃上依據功能有不同深度,作為座椅約45～50cm,若有躺臥需求則建議深度為90～120cm。	不單只有臥榻下方的收納,還連結不同邊的櫃體,以增加生活置物的容量。	臥榻不只整合收納,欲再延伸出書桌時,桌面深度至少需要40～50cm,學習、唸書尺度上較為舒適。	受限空間,改以沙發結合座椅式臥榻,多人來訪也不用擔心座位數不夠。	善用窗邊空間打造結合坐臥與收納的設計,創造一物多用的優點,還能不浪費空間。
適用情境	想要可以提供許多功能,如收納、沙發、躺臥等。	透過臥榻整合其他機能,讓設計更一致。	臥榻不單只有收納,還想串聯其他機能。	空間不大,且未能配置太多活動式沙發、座椅。	想整合窗邊畸零地,為生活空間增添機能。
施作要點	櫃體板材結合時常使用白膠,但像是桌面或是臥榻頂板較常接觸的部位,就會使用強力膠增加黏合強度。	臥榻結合書櫃若是設於窗邊,施作前要加強防潮設計,預防窗戶、窗框漏水會直接影響到櫃體本身,導致崩塌。	抽屜臥榻主要是用來乘坐,在製作踢腳板時,可加以補強結構,讓整體更牢固。	若想要雙腳可以輕鬆垂放在地上,建議臥榻離地面的距離可落在40～45cm。	靠窗的那面要和牆面貼合,如果牆面歪斜或不平整,可以運用木條嵌入縫隙中填縫。
監工要點	確認櫃體和門片的平整度、若有結合插座是否可順利通電。	實際測試抽屜和櫃體五金順暢度、門片開啟是否會卡到傢具。	親身試坐與使用確認穩固性、注意邊角是否過於尖銳。	符合設計圖需求、下方收納門片開合順暢度。	確認結構穩不穩、檢查下方收納是否整齊。

※ 本書記載之工法會依現場施工情境而異。

一般臥榻

延展臥榻背牆，框塑出區塊的獨立氛圍

搭配之工程

1 水電工程

確認屋主在此區塊的插座、開關、網路線、電話線等需求，請水電師傅延長壁面的電源，拉到洽當的位置，並使用電火布綑緊。

2 油漆工程

臥榻完成後，油漆會負責在木紋櫃體上塗底漆、保護漆，最後工程收尾也會由油漆修補所有木作受損之處。

3 窗簾工程

臥榻上的坐墊是由窗簾廠商進行處理，需考慮坐墊如何分割、選擇顏色和材質等，內層通常使用泡棉材料。

施工準則　臥榻的尺寸依照使用需求有不同大小，功能設定很重要。

臥榻可以提供許多功能，如收納、沙發、躺臥等，搭配桌子或櫃體能更豐富使用機能，適合小空間配置。臥榻在規劃上依據使用功能有不同深度，作為座椅約 45 ～ 50cm，以本案為例，因空間足夠深度做至 60cm，若是有躺臥需求則是建議深度為 90 ～ 120cm。此外，臥榻的收納方式有門片、抽屜、上掀式，甚至是活動推車的設計，上掀式須注意掀板與坐墊的承重，坐墊也要依門板尺寸分割。臥榻的上方如果有其他門片櫃體連接，必須留意坐墊的厚度，避免影響到門片開闔的順暢度。

此為臥室中的臥榻設計，屬於私領域中休閒的區塊，設計師思考到坐在臥榻上有靠牆較為舒適，利用木紋靠牆延伸框塑出休閒的氛圍。

圖片提供__樂創空間設計

板材與角料

Material 1：木心板

木心板的支撐結構強，常見應用於各式櫃體的製作，也常常搭配夾板一起使用，利用兩者疊加出所需的厚度。

Material 2：實木皮

實木皮有天然的木材紋理，有多種顏色可以搭配不同的設計風格，是住宅設計中很常使用的材料。

Material 3：夾板

在木作工程中，常見使用夾板包覆木心板的做法，實木貼皮也會貼在夾板這一層。

Material 4：坐墊

外層布料可選擇色彩、質地柔軟度、防水、防貓抓等等，內層通常使用高密度泡棉。

Plus+　選用與使用木材小叮嚀

☑ 木作完成後的味道，通常來自於強力膠或是保護漆本身，完工後保持空氣流通可讓味道和揮發物質散去。

☑ 坐墊厚度一般在 6 ～ 10cm，躺臥使用則是建議 10 ～ 15cm。

一般臥榻施工順序　Step

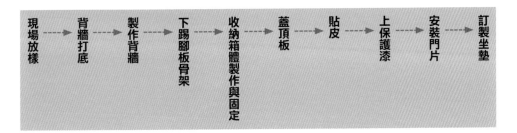

現場放樣 ┈→ 背牆打底 ┈→ 製作背牆 ┈→ 下踢腳板骨架 ┈→ 收納箱體製作與固定 ┈→ 蓋頂板 ┈→ 貼皮 ┈→ 上保護漆 ┈→ 安裝門片 ┈→ 訂製坐墊

Step 1　現場放樣

檢查施作位置，利用墨斗在牆壁、地面會製放樣圖，插座的位置尺寸也要精確畫出，確認比例尺寸沒問題才動工。

Step 2　背牆打底

在壁面訂出背板結構體，約 30cm 下一
支角材。

圖片提供＿樂創空間設計

Step 3　製作背牆

利用材料疊出背板厚度 4cm，以白膠和蚊釘做封板，面板出線孔做定位和挖孔。

Step 4　下踢腳板骨架

由於這個櫃體設計為 4 個收納箱，以收納箱尺寸為基準在地板上製作ㄇ字型骨架。

Step 5　收納箱體制作與固定

每個箱體以 4 片木心板鎖螺絲、白膠黏合而成，並固定於踢腳板骨架上。

Step 6　蓋頂板

頂板分為兩片製作，斷點設置於中間，
厚度約為 4cm。

圖片提供＿樂創空間設計

Step 7　貼皮

與屋主確認木紋樣式，利用白膠、強力
膠和蚊釘的方式結合實木皮，櫃體內的
材料則是使用波麗板。

圖片提供＿樂創空間設計

Step 8　上保護漆

用磅數低的砂紙修邊後，以甲苯擦洗木皮，接著上底漆後再打磨一次，才上水性或植物性的保護漆，最後再進行打磨。

Step 9　安裝門片

確認鉸鏈尺寸，在櫃內鑽鑿合適的孔，以螺絲固定在櫃內，調整門片水平與間隙。

Step 10　訂製坐墊

屋主選好布料後，請窗簾廠商製作坐墊，此案使用一般厚度的泡棉，約 6 ～ 10cm。

❄ Plus+　施作工序小叮嚀

- ☑ 保護漆的種類有油性、水性和植物性，油性有類似壓克力的效果，保護性較強，有較強的塑膠味，光澤感較強。一般住家設計則是偏好自然紋理的呈現，較常使用強調無毒的水性和植物性保護漆。
- ☑ 櫃體板材結合時常常使用白膠，像是桌面或是臥榻頂板較常接觸的部位，就會使用強力膠增加黏合強度。
- ☑ 保護漆難免影響原本的木皮顏色，這部分要和客戶作溝通，若是色差大，可以在保護漆中添加一點紅色或黑色做色相校正。
- ☑ 考慮到使用方便性和結構承載性，櫃體不一定會做滿深度，因此可以和木工師傅討論適當的做法。

❄ 現場監工驗收要點

- ☑ **確認插座是否順利通電**
  木工施作過程中難免拉扯線路，透過實際試用，以確認線路是否有接好。
- ☑ **確認櫃體和門片的平整度**
  檢查櫃體的水平，門片則是注意間隙是否平整，可以透過鉸鍊上的螺絲調整。
- ☑ **木紋表面與方向性檢查**
  確認木紋方向性與接合處是否自然，檢查表面的保護漆皆打磨平整。

臥榻
結合櫃體

鄰窗臥榻以對稱設計整
合櫃體收納

搭配之工程

1 水電工程

為提升臥榻結合櫃體的機能，於下方配
置了插座，不影響整體設計，也方便隨
時需要即可接上插座充電。

2 油漆工程

為體現古典風格細緻味道，以噴漆做表
現，按清理、打摩、批土、磨光、上漆
等，經重覆多次，使邊角整齊也達到細
膩的表面效果。

施工準則 **將臥榻深度做至 75cm，讓半坐臥可以很舒適。**

多功能的臥榻，不只帶來放鬆休息的作用，也能以其做延伸，整合收納增加置物容量。設計者
將客廳對外窗略微外推，打造出一個鄰窗臥榻，再依照古典風格的對稱原則，於左右兩側規
劃展示收納櫃，成功增加空間進光量，還營造出悠閒閱讀角落。規劃臥榻時要留意乘坐需求，
若有需要半坐臥，深度、寬度都要加深一些，以利倚靠、雙腳置放。自臥榻再延伸出櫃體設計，
也可適度在其中將電源插座納入能下方角落處，不只增添多重功能，也為生活帶來便利。

於空間設計鄰窗臥榻，不只整合了櫃體收納，也能作為當家中來客人數較多時，提供擴增座位數的機能。

圖片提供_拾隅空間設計 Angle Design Studio

板材與角料

Material 1：木心板

上下兩層為薄木片、中間是以實木條拼貼而成木心板，具承載力，因此選以 6 分作為建構臥榻、櫃體的主要材料。

Material 2：角材

以 1 吋 2 的角材作為製作臥榻和櫃體的骨架、結構，視需要加疊使用，作為補強的一種。

🏵 Plus+ 　選用與使用木材小叮嚀

☑ 考量木心板的承載和耐受性，將層板跨距做在 50cm 以下，減少日後發生變形的可能。

☑ 波麗板內層有木心板、夾板，選用時還是要留意內材品質，要是用到不好的品種影響使用。

臥榻結合櫃體施工順序　Step

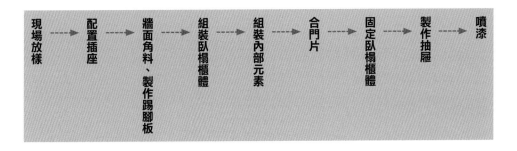

現場放樣 ⇢ 配置插座 ⇢ 牆面角料、製作踢腳板 ⇢ 組裝臥榻櫃體 ⇢ 組裝內部元素 ⇢ 合門片 ⇢ 固定臥榻櫃體 ⇢ 製作抽屜 ⇢ 噴漆

Step 1　現場放樣

實際在現場進行放樣，同時進一步比對、確認施作尺寸。

Step 2　配置插座

請水電師傅重新配置電源插座位置，並將相關管線拉好。

Step 3　下牆面角料、製作踢腳板

按放樣線先下牆面角料，再以角料、木心板組成踢腳板，成為銜接臥榻櫃體下底板的介質，踢腳板高度約 8cm。座位位置為主要受力點，建議可在與地板銜接處做結構補強，讓承載更加穩固。

Step 4　組裝臥榻櫃體

分別將木心板按所需尺寸裁切背板、下上底板、左右側板，以釘接進行桶身的組合。

Step 5　組裝內部元素

因臥榻、櫃體內含活動層板、抽屜，活動層板部分將銅扣塞進預先鑽好的鑽孔，即可裝上活動層板，抽屜部分決定好使用何種滑軌後，即在板材上預先決定好滑軌位置，組裝時安裝抽屜並再依狀況適時調整。

圖片提供＿拾隅空間設計 Angle Design Studio

Step 6　合門片

櫃體一半含有門片式設計，同樣以板材裁切出適合尺寸即可，因表面還有加設線板，同樣需事先計算好板材要露出的深度和寬度，再將其固定於門片上，接著替門片挖孔鎖上鉸鍊，以利後續可鎖於櫃體上。

Step 7　固定臥榻櫃體

先跟踢腳板抓好水平線後，再透過釘接方式依序將臥榻櫃體和踢腳板及牆面等做結合固定。

圖片提供＿拾隅空間設計 Angle Design Studio

Step 8　製作抽屜

依序將抽屜前面板、兩側板、底板共同組合而成，通常前面板會以 6 分板來製作，有足夠厚度安裝五金把手。完成後於下底板安裝滑軌五金，即可再組裝於榻臥櫃體中即可。

Step 9　噴漆

先清理上面材裝飾的區域，再以批土方式進行細節修補、打磨，接著再均勻地噴漆。

⊜ Plus+　施作工序小叮嚀

- ☑ 因臥榻結合書櫃是配置在窗邊，在整個木作安裝上防潮設計不可輕忽，預防窗戶、窗框漏水會直接影響到櫃體本身，導致崩塌。
- ☑ 通常噴漆過程中，在上完第一次油漆後會等乾了後再做檢查，看哪裡是否還有需要磨平的，反覆進行潔清、批土、修補、噴漆作業直到效果理想為止。

⊜ 現場監工驗收要點

- ☑ **實際測試五金的順暢度**
  設計中有結合抽屜、門片，在驗收時可實際開一開扇門和抽屜，確認滑軌、鉸鍊是否安裝在對的位置，以及安裝上去後是否穩固順暢。
- ☑ **檢視門片開啟是否會卡到傢具**
  空間屬於小坪數，因此在監工時除了預留門片展開的空間，驗收階段也要實際開啟，確認所留距離是否會卡到傢具。

臥榻
結合書桌

長型臥榻延伸至書桌，
創造坪效最大的機能性

搭配之工程

1 水電工程

考量書桌閱讀學習有使用電源需求，施作前預先在書等下方等預先配好管線，方便日後使用。

2 油漆工程

臥榻部分最後完成面以噴白色漆呈現，按批土、修飾、上漆、打磨等步驟，讓抽屜表面更飽滿細緻。

施工準則 **整合書桌時要留意桌面深度，切勿太窄以免不舒適。**

臥榻在許多人的居家夢想中，扮演著重要角色，既能有效運用畸零空間，更能化解梁柱過於明顯的尷尬。在藉由臥榻修飾空間時，若想同時整合收納機能，可依據環境條件如凹窗、角窗等，做出上掀門片式、抽屜式等不同的設計，以滿足需要；另外要留意的是，如果下方收納做的是抽屜式，勿做得太深，以免拿取上的不便。臥榻不只整合收納，欲再延伸出書桌時，桌面深度至少需要 40 ~ 50cm，也可在不犧牲空間下做尺度的延展，雙手伸展、使用上能比較舒適。

在開放的空間裡，拾隅空間設計 Angle Design Studio 規劃了一道長型臥榻，自餐廳、客廳一路延伸至書房，開展坪效最大機能性，也無形中將劣勢條件化為優勢。　　　圖片提供＿拾隅空間設計 Angle Design Studio

板材與角料

Material 1：木心板

因應現場有角窗畸零地，選以堅固又方便現場施工的木心板，並取用 6 分板作為建構臥榻書桌的材料。

Material 2：木皮

為加強整個臥榻至書桌的設計，貼覆實木皮讓視覺效更顯注。

Material 3：角材

選以最常用的 1 吋 2 的角材為主，依需求做裁切後使用。

⚙ Plus+　選用與使用木材小叮嚀

☑ 選擇低甲醛木心板時，記得要定期為櫃體進行除蟲、防蟲的保養。

☑ 直接使用實木價格較高，改以貼實木皮方式，呈現效果相同預算又能少一點。

臥榻結合書桌施工順序　Step

現場放樣 → 配置電源插座 → 下牆面角料、製作踢腳板 → 組裝臥榻抽屜桶身 → 固定臥榻抽屜桶身 → 製作書桌抽屜桶身 → 固定書桌 → 製作抽屜 → 貼皮 → 噴漆

Step 1　**現場放樣**

實際在現場進行放樣，逐一比對、確認施作尺寸。

Step 2　**配置電源插座**

因應書桌插電需求，新設立插座位置並將相關管線拉好。

Step 3　下牆面角料、製作踢腳板

依序將角材固定於鄰窗的天花板、牆面上，構成外框。接著再按各區域（餐廳、客廳、書房）的凹窗下牆面角材，同時也以木心板、角材等組成踢腳板底座。

圖片提供＿拾隅空間設計 Angle Design Studio

Step 4　組裝臥榻抽屜桶身

餐廳、客廳臥榻底下為抽屜式收納，將板材裁切後以釘接進行抽屜的桶身組合，並釘好背板。因上底板為主要受力點，以 2 片 6 分木心板構成，加強承載性。

Step 5　固定臥榻抽屜桶身

固定前再一次確認與踢腳板水平是否對齊，以釘接方式依序將臥榻抽屜和踢腳板、牆面等做固定。進行完餐廳區後進行客廳區，重覆 Step 3 ～ 5 動作。

圖片提供＿拾隅空間設計 Angle Design Studio

Step 6　製作書桌抽屜桶身

先利用上下板材釘接立向板材，製作抽屜的桶身。同樣上底板為主要受力點，以 2 片 6 分木心板構成，加強承載性。臥榻延伸至書桌時，利用曲線做銜接，將可彎角料裁切多段後逐一組成。

Step 7　固定書桌

以釘槍依序將書桌抽屜桶身和牆面木心板固定，在與臥榻抽屜搭接時，因為曲面結構，要注意釘子的固定點。

Step 8　製作抽屜

依序將抽屜前面板、兩側板、底板組合而成。臥榻抽屜在前面板與上底板之間做出間隙（企口），形成留指縫的把手設計；書桌抽屜則是接近切齊上底板，在前面底下方做內凹把手。完成後於下底板安裝滑軌五金即可。

Step 9　貼皮

依序將外框、上底板、書桌等進行貼皮，將木皮做裁切，經上膠、貼覆後，再做修邊處理。

Step 10　噴漆

木作退場後，部分抽屜以噴漆為表面裝飾，依序批土、修補、打磨後，接著再均勻地上漆。

⏚ Plus+　施作工序小叮嚀

☑ 木作固定過程中多以釘槍方式，特別是在組裝兩片 6 分板時，可在下釘固定前可以先以 C 型夾夾緊再下釘，能更精準到位。

☑ 抽屜臥榻主要是用來乘坐，在製作踢腳板時，可加以補強結構，讓整體更牢固。

⚙ 現場監工驗收要點

☑ **親身試坐、使用確認穩固性**
可以在完成後親身試坐、踩踏、使用書桌等來確定木作是否穩固，一旦發現鬆動可補釘加強。

☑ **留意邊角是否過於尖銳**
施作完後仍要留意邊角是否會過於尖銳，可再多透過幾次的打磨與修整，修正邊角的銳利度。

座椅式臥榻

空間添增臥榻，多人來訪也不擔心座位不夠

搭配之工程

1 櫃體工程

規劃臥榻的需求尺寸，也要算入坐墊的厚度；並且決定其抽屜門片的方向為前開或上掀，注意門片開闔的路徑。

施工準則　　**需符合人體工學，注意門片開闔方向。**

不少空間受限於實際條件，若要真擺入三件式沙發，空間看起擁擠，使用起來也未必舒適。因此不少人會選擇以沙發結合座椅式臥榻呈現，善用了空間、還提供了更多座位。由於臥榻主要是用來乘坐，以選用材質來說，需要注意承重力，另外若想要雙腳可以輕鬆垂放在地上，建議臥榻離地面的距離可落在 40 ～ 45cm，臥榻下方若要結合收納機能，有抽屜式和上掀式可選擇，但要注意的是，抽屜式需要前方預留開啟抽屜的空間。

以複合式臥榻打造出多功能的靠窗小角落，滿足屋主在採光良好的區域中能夠閱讀、休憩，還能作為置物使用，搭佐木質建材與色調，呈現出舒適氛圍。

圖片提供__澄橙設計

板材與角料

Material 1：木心板

耐重力佳、結構紮實，五金接合處不易損壞，有不易變形的優點。

Material 2：實木皮

臥榻門片，即是將樹木乾燥加工後裁切取得的木料。

🔧 Plus+　選用與使用木材小叮嚀

☑ 貼皮後邊角要再做收邊、打磨處理，避免手腳刮傷。

☑ 選用木心板仍要注意甲醛含量，避免影響健康。

座椅式臥榻施工順序　Step

現場放樣 ┄┄► 確定臥榻形式 ┄┄► 下骨架與角料 ┄┄► 封板

Step 1　現場放樣

在工地現場按照具體尺寸繪製放樣圖。

Step 2　確定臥榻形式

此為抽屜前開式型臥榻，高度約 40 ～ 50cm，寬度則可視需求規劃為 50 ～ 60cm，以人能夠躺臥的適宜寬度為 90 ～ 100cm。

Step 3　下骨架與角料

依照訂出的高度、寬度以及造型等，先下主骨架（即比較粗的骨架），再依序下角料。

圖片提供＿澄橙設計

Step 4　封板

木作門片蓋上，並於邊角貼皮固定，以及放置修飾表面的軟墊等。

圖片提供＿澄橙設計

⚒ Plus+　施作工序小叮嚀

☑ 門片的開闔位置要注意，像此案為抽屜前開式設計，左邊為書桌置放處，所以需預留走道空間，避免開闔時擋到抽屜使用。

☑ 門片為上掀式設計，則要留意窗簾位置，另外如有使用能支撐門片重量、搭配緩衝的五金氣壓桿，要注意安全性。

⚒ 現場監工驗收要點

☑ **符合設計圖需求**
臥榻造型、尺寸與設計圖一致。

☑ **檢查門片開闔順暢**
櫃子門片關上時，要和櫃體的高度一致，不會露出櫃子的邊邊角角。

內凹窗臥榻

善用零碎空間，滿足機能需求

搭配之工程

1 水電工程

因應使用習慣，重新調整插座位置方便使用。

2 泥作、鋁窗工程

窗邊可能會有漏水、積水的問題，依實際情況，可能會需要先做防水工程再施作木作，避免滲水使臥榻受潮。

施工準則　收納形式先決定好，才能打造符合需求的臥榻。

窗台空間稜稜角角很多，要擺放合適的傢具大不易，可透過量身打造的臥榻化解此難題，增添家中休憩之地，下方還能結合收納提升置物量。依窗型施作內凹窗臥榻時，因窗邊很容易有滲漏水問題，施作前一定要先做防水工程再接著做木作工程，避免日後滲水進而讓材質因受潮而變形。另外還要留意乘坐空間的設計，若習慣盤腿坐那深度就要大於一般座椅深度約 60 ～ 80cm，希望可以臥躺那麼深度就要提升至 90cm。至於下方收納，抽屜式下方可依需求有三抽、四抽、五抽等形式，上掀式其內部空間可連通在一起，能擺放比較大型的物品，但缺點就是每次拿取物品椅子都要整個掀起來。

敘研設計於室內按窗型規劃了臥榻，天氣好的時候，可乘坐在上面曬曬太陽、閱讀，孩子們的玩具也有安放的位置，居家生活情境變得更豐富了。

圖片提供＿敘研設計

183

板材與角料	**Material 1：木心板** 木心以實木條拼貼而成，上下兩面為薄木片夾板，總厚度約 2cm。 **Material 2：萬用底板** 木作櫃體的烤漆面底材，材質平整易於加工。

Plus+ 選用與使用木材小叮嚀

☑ 結構厚薄度並非制式規定，可依照個別設計師的需求而定。

☑ 臥榻需要足夠的承受力，因此木心板是更實惠的選擇。

☑ 因為是靠窗邊溼氣重，角料也要選擇防水的材料。

內凹窗臥榻施工順序　Step

現場放樣 ---→ 製作座椅結構 ---→ 製作抽屜櫃 ---→ 噴塗面漆 ---→ 訂製臥榻坐墊

Plus+ 施作工序解析

Step 1　現場放樣

工地現場依照設計圖繪製位置。此案還有一個櫃子，現場放樣時同時思考臥榻區和其他環境的關係，適度調整比例，讓櫃體和臥榻的深度一致，整體更和諧好看。

Step 2　製作座椅結構

運用角料和木心板製作出椅子的結構，將抽屜的位置保留下來。

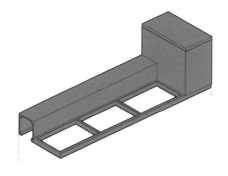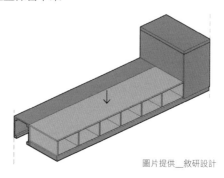

圖片提供＿敘研設計

Step 3　製作抽屜櫃

先製作抽屜櫃的框架，放入保留位置測試，確定可以之後，再釘抽屜背板並安裝滑軌，最後釘上抽屜頭。

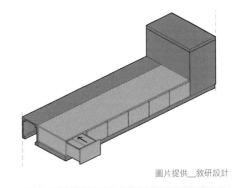

圖片提供＿敘研設計

Step 4　噴塗面漆

進行批士研磨，噴塗漆料，完成臥榻櫃體面漆

Step 5　訂製臥榻坐墊

依照現場尺寸打板，挑選適合軟硬度的泡綿及面料，製作完成後進行安裝固定。

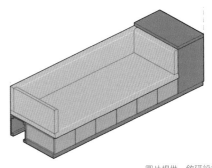

圖片提供＿敘研設計

Plus+　施作工序小叮嚀

☑ 靠窗的那面要和牆面貼合，如果牆面歪斜或不平整，需重新以木作或泥作方式整平。

☑ 抽屜製作時要注意開的方向，可以作記號避免將滑軌、抽屜頭作錯方。此外，有把手會影響外觀，如果在意可選擇無把手設計，但會減少一些抽屜空間。

現場監工驗收要點

☑ **確認結構穩不穩**
　實際坐上去測試是否有搖晃感，正常坐起來應要平穩，且符合人體工學的才對。

☑ **檢查抽屜是否整齊**
　抽屜頭釘上去之後，要把抽屜關上確任是否都高度整齊一致。

床頭板木作工法實例解析

床頭板是多數人臥房中會有的一項設計，它不只有保護頭部功能，還有靠背作用，現今愈來愈多人會透過設計結合木作，在床頭板上下功夫。除了一般木料板材，也可以與照明、繃布等做結合，美感實用兼具，甚至在設計上也能整合天花板，造型更鮮明，還能強化空間的存在感。當然也可以木工手法搭配系統板材，效果不輸木作做法，還能有助於現場組裝順暢，減少板材成本的損耗。

專業諮詢╱樂創空間設計、奇逸空間設計、F Studio Design Lab、日作空間設計、御坊室內裝修規劃設計

工法一覽

	一般床頭板	床頭板結合天花板	床頭板結合燈光	床頭板結合繃布	木工＋系統－床頭板結合床頭櫃
特性	利用實木企口板建構床頭板，床能與牆貼合，也避免頭部直接撞擊牆壁。	床頭板從背牆延伸到天花板，有效修飾橫梁，也能強化空間的存在感。	床頭板內嵌入照明，有效補強室內光源，也能增添溫馨感。	內放入填充物，再以布料、皮革等面料裝飾，床頭板圓潤飽滿，倚靠還很舒適。	以統板材做預先的設計規劃，精準計算用料、尺寸，有助於現場組裝順暢，減少板材成本損耗。
適用情境	喜歡木作構成的形式，床頭有一個倚靠。	想讓床頭區設計更有趣、更具設計感。	欲讓床頭區透過光源製造出截然不同的氛圍。	想以加以點綴床頭，且喜歡繃布後飽滿效果。	想達到木作效果，但又能不耗費過多板材。
施作要點	床頭板施作前建議先確認是否有壁癌或漏水問題，特別是老屋，確認無恙木作才能靠牆施作。	建議最好依據現場條件預先試做弧形樣板，樣板製作除了考量弧度，也要注意當它立於天花板時不能過於壓迫。	電源開關、插孔的洞孔不只安裝面板，還要塞入經纏繞過絕緣膠帶的電線，開設洞孔時勿太小，以免電線塞不下去的問題。	預先確認好繃布最終呈現厚度，這影響到嵌入床頭板的深度尺寸，以及泡棉材質的選擇。	若壁面不需走太多管線，可不用角材，直接以夾板封底，更能節省施工時間。
監工要點	確定床頭板的平整度、打光檢查表面細緻度。	溝縫的水平垂直貌、和異材相接是否自然。	床頭板貼覆的面材是否平整，有無溢膠。	安裝後確認是否吻合、檢查中間填充物有無凹陷。	仔細檢查床頭板和壁面銜接處，以及表面平整性。

※ 本書記載之工法會依現場施工情境而異。

一般床頭板

小 V 鑿縫讓溝縫不單調，增加深淺細節感

搭配之工程

1 水電工程
將電源線拉至定位的長度，捆綁好線路，防止木作施作時扯到電線。

2 油漆工程
除了上保護漆，裁切邊若有小損傷，需要油漆幫忙做修飾美化。

3 木地板工程
超耐磨地板的伸縮縫至少需要留 1cm，塞入泡棉條後才會打上矽利康填縫。

施工準則 臥榻的尺寸依照使用需求有不同大小，功能設定很重要。

此臥室的設計多為灰色調，搭配的顏色也偏重色，因此需要清亮的色彩作為點綴，自然的木紋為空間帶來了不僅是單純的跳色，視覺上的紋理多了層次感。床頭板的選材為橡木紋理的實木企口板，在木工師傅建議下，以小 V 縫的造型呈現，邊緣導斜角讓隙縫有了深淺的變化，視覺也多一分細緻度。在施作時要注意地面材質，若為磁磚記得先貼磁磚，若是木地板則為後面才處理，要記得預留伸縮縫。

空間規劃考量，此床頭板厚度約為 10cm，供業主簡單放置手機或衛生紙，另外利用這個厚度隱藏延長的電源線路，安置插座與開關面板在床頭板上。

圖片提供＿樂創空間設計

板材與角料

Material 1：夾板

抗彎曲性強，蓋在角料結構上，可加強背部固定。

Material 2：角材

在木作中常被運用為基礎骨架支撐，或是需要結構加強時也會使用角材，有不同尺寸長度能選擇。

Material 3：實木企口板

表面飾材，由整塊實木刨製而成，讓室內設計增加實木質感的風采，厚度約 9 ～ 12mm。

🔧 Plus+　選用與使用木材小叮嚀

☑ 若是施作的區域濕氣較重，可使用塑膠角材，大部分則是使用柳安木製成的角材。

☑ 夾板施作時常常需要大量的膠黏合，工程後應通風數日讓異味散去。

一般床頭板施工順序　Step

現場放樣 ----→ 下角料與夾板 ----→ 裁切並固定實木企口板 ----→ 上保護漆

Step 1　現場放樣

使用水電的綠色膠帶做放樣，標上準確的床頭板尺寸，尤其插座面板位置，請業主至現場確認尺寸。

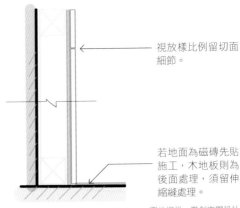

視放樣比例留切面細節。

若地面為磁磚先貼施工，木地板則為後面處理，須留伸縮縫處理。

圖片提供＿樂創空間設計

189

Step 2　下角料與夾板

將角料裁切到床頭板的高度,固定在牆面上,再蓋上夾板,調整至適當的厚度。

Step 3　裁切並固定實木企口板

將實木企口板裁成條狀,邊緣導斜角,再以蚊釘和膠合方式固定於夾板上,最後蓋上頂板。

Step 4　上保護漆

上一層底漆幫助保護漆附著,再上一層保護漆隔絕外界的污染。

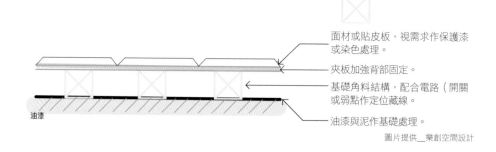

面材或貼皮板,視需求作保護漆或染色處理。

夾板加強背部固定。

基礎角料結構,配合電路(開關或弱點作定位藏線)。

油漆與泥作基礎處理。

圖片提供__樂創空間設計

Plus+　施作工序小叮嚀

☑ 通常木作會先於木地板施工,若木作壓在木地板上,恐怕影響日後木地板維修。

☑ 老屋翻修必須先確認是否有壁癌或漏水問題,確認無恙木作才能靠牆施作。

☑ 床頭板高度約為 100 ～ 120cm 之間,過高會顯得太老式,過低又不顯眼。

現場監工驗收要點

☑ **打光確定表面細緻度**
　　透過燈照確認表面平整,須留意小 V 縫的修邊容易有毛邊。

☑ **確定床頭板的平整度**
　　由於是靠著牆面施作,牆面難免不平,驗收時須留意床頭板的整體平整度。

床頭板結合
天花板

流線造型轉折至頂，
讓床頭板更有型

搭配之工程

1 水電工程
床頭板設有照明，設計配圖預先接好相關電源線路設定好。

2 石材工程
床頭板選以貼覆大理石材，藉由不同的紋理創造視覺層次。

3 油漆工程
床頭牆以上至天花板以噴漆為主，剛好和下方床頭板呈現出細緻與繁複的對比效果。

4 鐵件工程
因天花板有設計金屬燈飾，利用鐵板建構出照明的結構。

施工準則　選用不同的表面飾材時，立面所需底材和骨架的厚度也不一樣。

可別小看床頭板設計，花點心思，不只臥室變得有型還能帶來驚喜。設計者嘗試將自床頭板向上延伸，以一道弧形轉折修飾天花與橫梁，強化區域的存在感，也建構出一個具個性化的空間。在製作這種一體成型的設計時，若表面材相異，那一定要留意所立造型之底材和骨架厚度，最終呈現出來的立面厚度才會一致。轉至頂的流線造型，需根據現場條件試打出弧形樣板，打樣板時除了考量弧度，也會注意當它立於天花板時會不會過於壓迫。

奇逸空間設計嘗試讓立面床頭牆以流線造型轉折至頂，再藉由床頭、天花獨特的打光的方式，提亮整個空間。
圖片提供＿奇逸空間設計

板材與角料

Material 1：彎曲板

彎曲板具延展性，特別是在做圓弧造型時，便取之來形塑線條。本案以 3mm 的彎板為主。

Material 2：木心板

木心板支撐力好，以其裁切成半弧型狀，來作為圓弧角度中骨架和角材跨距的支撐，以 6 分木心板為主。

Material 3：角材

畢竟是自床頭伸至天花，適時以 1 吋 8 角材做補強，加強骨架的穩固性。

Plus+　選用與使用木材小叮嚀

☑ 彎曲板柔軟性強，建議施作時半徑需在允許範圍內，切勿過彎。

☑ 以角材做補強時要留是否有釘牢，避免鬆脫掉落情況發生。

床頭板結合天花板施工順序　Step

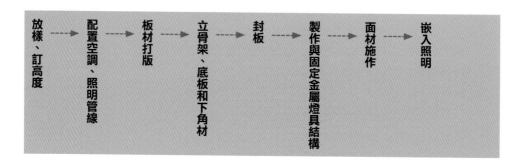

放樣、訂高度 ----→ 配置空調、照明管線 ----→ 板材打版 ----→ 立骨架、底板和下角材 ----→ 封板 ----→ 製作與固定金屬燈具結構 ----→ 面材施作 ----→ 嵌入照明

Step 1　放樣、訂高度

實際在現場進行放樣，利用雷射水平儀測出準確的最高點與最低點後，並在牆上做出標示，要將可能出現的管線、梁柱等一併包覆住。

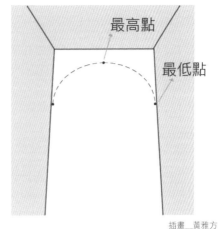

最高點

最低點

插畫＿黃雅方

Step 2　配置空調、照明管線

床頭、天花還同時整合空調與照明，先預設好冷氣出風口、電源等位置，以利後續工程的製作。

Step 3　板材打版

曲線弧度需依據現場條件打出弧形樣板，通常木工師傅會打 2～3 款，經設計師確認後定案。在選擇弧形樣板時除了考量弧度，也會注意當它立於天花板時會不會過於壓迫。

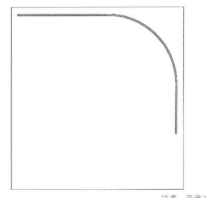

插畫＿黃雅方

Step 4　立骨架、底板和下角材

床頭牆和天花之間為斷開設計，分別在垂直床頭牆以夾板製作底板，而床頭牆以上至天花部分，先以角材建構基礎骨架，愈接近圓弧角度，再將木心板切半圓弧型，作為骨架和角材跨距的支撐點，這時角材需依弧的面做轉向架設。至於水平天花則依序下主骨架後再上吊筋，修正水平也支撐天花板重量。

插畫＿黃雅方

Step 5　封板

固定好金屬結構後，進行牆面與天花板的封板。先在立面牆的骨架上膠並貼覆板材，再以釘槍固定，弧形天花位置則以兩層彎曲板進行封板和溝。第一層做打底先釘平的，第二層再釘凸的，一條一條貼上去，藉由高低差做出溝縫。這時也會同步預先做好床頭板藏燈的溝槽，以及規劃好冷氣出風口、照明等洞孔的位置。

Step 6　製作與固定金屬燈具結構

因天花板設有以金屬造型燈具，預先請鐵工製作燈具結構，而後再與 RC 結構層做銜接。固定完後再委由木工替銜接處做封板和修飾。

Step 7　面材施作

床頭板部分貼覆石材，床頭板以上則為噴漆，兩者均都要做打磨修整，

Step 8　嵌入照明

最後依序將盒燈、線燈藏入金屬結構中。

✿ Plus+　施作工序小叮嚀

☑ 下角材時要注意水平度是否有校正好，避免出現歪斜影響整體美觀性。另也留意圓弧處在進行封板時，板材有無扎實的釘附於角材上。

☑ 床頭板和天花的面材不同，前者為石材、後者為噴漆，各自所需的骨架、底板厚度不同，以石材為例，大理石加背膠約 2.5cm，在做床頭板底板時，要預先扣除 2.5cm 厚度，上下兩者完成表面裝飾後厚度才會一致。

✿ 現場監工驗收要點

☑ **石材紋路與完整性**
審視時可注意石材是否有缺角，以及石材面的紋理、色澤是否和設定的一致，避免施工人員安裝錯誤。

☑ **溝縫的水平垂直貌**
溝縫整齊與否會影響整體美感，尤其上下兩處又是不同材質，不應有歪斜狀況發生，以免影響最終效果。

床頭板結合
燈光

床頭背板嵌入照明，
增添意境與溫馨

搭配之工程

1 水電工程

因床頭板還兼具提供室內照明、插座等功能，在製作前得先由水電師傅進行電源線的定位與延伸，以確保後續光源、插座的正常使用。

施工準則 **床頭板貼皮裝飾，記得選耐磨、好清理的材質。**

為了讓睡眠休憩更安穩舒適，不少人會在臥房床頭牆加以著墨，除了透過造型、材質強化床頭牆的設計重點，也可以結合燈光做表現，一來補強室內光源，二來也能增添溫馨感。在施作床頭板結合燈光時，要偕同水電工程，預先將電源線就定位，其次才是床頭板的施作，按步驟上骨架、製作嵌入線燈的溝槽、封板、貼皮，最後才是放入照明設備。在封板前也要先開立好電線開關、插座的洞口，此開孔切勿太小，以免電源線過不去；再者因床頭牆會每天接觸，建議在選擇裝飾面材時，要以耐磨、不怕刮、好清理的材質為主。

床頭板透出柔和光線，為純白空間增添生活溫度。　　　　　　　　　　圖片提供__ F Studio Design Lab

195

| 板材與角料 | **Material 1：角料**
角料依材質分實木、集層、塑膠等種類，其中集層角料木作完成面較為平整，是目前普遍使用的角料。
Material 2：夾板
夾板大多用來作為底板，厚度有 1 分、2 分、4 分、6 分不等。
Material 3：美耐板
考量床頭板是每天經常會倚靠座臥，表面貼皮選擇耐磨、不易刮傷又好清潔的美耐板。單一色系外，還有仿木皮、仿石材、仿皮革與金屬⋯⋯等款式可選擇。 |

Plus+ 選用與使用木材小叮嚀

☑ 整個床頭板厚度約 5cm，以角料建構骨架和進行封板時，均要留意材料厚度，不宜過粗或過厚，以免影響最後呈現出來的效果。

☑ 黏貼美耐板時要注意接縫的問題，若銜接不好在轉角處會有黑邊出現，有礙美觀。

床頭板結合燈光施工順序 Step

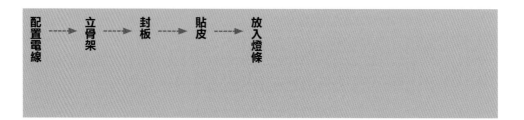

配置電線 ---→ 立骨架 ---→ 封板 ---→ 貼皮 ---→ 放入燈條

Step 1　配置電線

請水電師傅先配置好電源線，並在出線口的電線做上標記，方便後續施工者確認。同時開關、插座位置也要跟著先設定出來。

Step 2 立骨架

木頭板設定高度在 85cm，先利用直柱角料建構出骨架，同時以角料補強結構，作為要支撐燈管、電線之重量。因照明為鋁擠 LED 線燈，此時也會同步進行溝縫的製作，好讓 U 型燈槽能嵌入。

圖片提供__ F Studio Design Lab

Step 3 封板

封面前仔細校正整體垂直水平線後，同時也在板材上開好電源開關、插座等洞口後，利用接著劑將板材與支架黏合，接著再打釘槍固定。

圖片提供__ F Studio Design Lab

Step 4　貼皮

接著將美耐板貼於底材上，要注意的是在施工時需完全排除與接合面中的空氣，否則很容易造成脫膠掀開。

圖片提供＿F Studio Design Lab

Step 5　放入燈條

等水電再次進場時，將 LED 線型燈條放入，以及開關、插座面版就定位。

Plus+　施作工序小叮嚀

☑ 電源開關、插孔的洞孔不只安裝面板，還要塞入經纏繞過絕緣膠帶的電線，開設洞孔時勿太小，以免電線塞不下去。

☑ 貼覆完美耐板時仍要小心，勿因其他材料搬運而有所損傷，進而出現裂痕，怕水分一旦滲入裂痕使板材受潮，便有可能造成表面膨脹。

現場監工驗收要點

☑ **檢查有無溢膠情況**
貼美耐板時仍會上膠，要留意施工後美耐板周圍是否乾淨整齊，有沒有餘膠溢出。

☑ **細看周圍是否平整**
確認貼完美耐板的周圍是否有破損或切割不完整等狀況，避免手腳刮傷。

床頭板結合繃布

繃布裝飾床頭板，
讓倚靠更加地舒適

搭配之工程

1 水電工程

因床頭板上有結合照明、插座等功能，因此需要在前期請水電師傅預配好相關線路，以利後續的機能使用。

2 窗簾工程／傢具工程

繃布最常委託窗簾或傢具廠商製作，木工師傅打好版後，提供給廠商依此裱板，接著用泡綿增加厚度，最後便是繃上皮革或者布料。

 施工準則 | **確認完成面厚度，這直接影響到嵌入床頭板的深度。**

為了讓倚靠能更加舒適，不少人會床頭板加入繃布設計，不只牆面變得更有特色，繃布飽滿的效果，視覺上亦能使空間更感溫馨。繃布在施作上，會先請木工師傅打好樣版，作為提供給廠商的繃板，中間利用泡棉來填充而成，最後才是繃上皮革或者布料。完成後則以膠、打釘方式將其固定於床頭板上。要留意的是，一定要預先確認好繃布最終呈現的厚度是多少，因為這影響到嵌入床頭板的深度尺寸，甚至會關係到泡棉材質的選擇。

日作空間設計在床頭板加入繃布，質地的碰撞讓空間增加更多可看性。　　　　　　　　　圖片提供＿日作空間設計

199

板材與角料	**Material 1：角材** 角材有不同種類，會依環境、項目做選擇，床頭板隸屬在天花、牆面範疇，多以柳安或集成角材為主。 **Material 2：夾板** 夾板大多用來作為底板，因主要用於床頭板、背牆，多以 3 分板為主。

Plus+　選用與使用木材小叮嚀

☑ 夾板厚度的換算並不會都對應 1 分 =0.3cm，使用時都要加以留意，以免製作上產生尺寸誤差。

☑ 使用角材最好選擇使用無醛膠、無甲醛的，減少對健康的影響。

床頭板結合繃布施工順序　Step

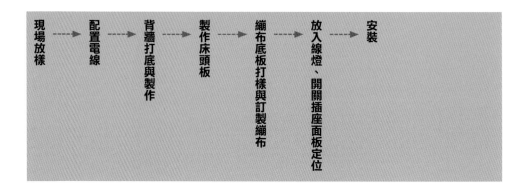

現場放樣　→　配置電線　→　背牆打底與製作　→　製作床頭板　→　繃布底板打樣與訂製繃布　→　放入線燈、開關插座面板定位　→　安裝

Step 1　現場放樣

將設計圖面上的內容依現寸標註於施作現場，有需要修正也能於此時提出調整，後續即標示尺寸施作。

Step 2　配置電線

因床頭板有嵌入照明，由水電師傅預先
配置好所需的線路位置，以及插座線路。

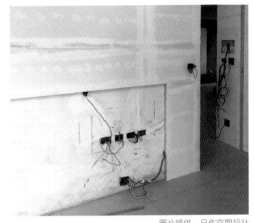

圖片提供__日作空間設計

Step 3　背牆打底與製作

以角材、夾板訂製背牆，之後床頭板才
能安裝其上。背牆骨架結構每個間隔約
30～40cm 下一支，完成後以夾板進
行封板，同時於背牆立面鋪設酸鈣板，
並批土修補縫細，換油漆工程進場時利
於後續施作面料。

圖片提供__日作空間設計

Step 4　製作床頭板

以系統板材製作床頭板，因床頭板上方將嵌入鋁擠 LED 線燈，此時也同步進行溝縫製作，
以利 U 型燈槽能嵌入。

圖片提供__日作空間設計

Step 5　繃布底板打樣與訂製繃布

預先打好一塊約 1cm 厚的木板給窗簾廠商作為繃布的繃板，木板長 188cm、寬 77cm。
拿到板子後，廠商會先裱板並塞入記憶墊，接著再裝訂於木板上，最後繃上外部材質。

Step 6　放入線燈、開關插座面板定位

水電再次進場，一併將 LED 線型燈條放入，連同開關、插座等面版也就定位。

圖片提供__日作空間設計

Step 7　安裝

將繃布安裝於床頭板上，先以膠做黏合，接縫處再以打暗釘方式加以固定。

圖片提供__日作空間設計

☺ Plus+　施作工序小叮嚀

☑ 一定要預先確認好繃布最終呈現厚度，這不僅關係到欲嵌入床頭板的深度尺寸，還會影響挑選泡棉材質。

☑ 提供繃板時，因有些廠商還會再自行做修邊，建議在提供前可預先將尺寸縮減個 2mm，這不足的 2mm 由外部材去撐，之後再與床頭板結合就會很剛好。

☑ 繃布會先用膠做黏合，貼之前可進一步確認膠材材質，避免膠材和板材起化學反應，產生吐色的情況。

☺ 現場監工驗收要點

☑ **安裝後確認是否吻合**
　繃布固定於床頭板後，要確認整體是否吻合，若尺寸相差太多建議退回重做。

☑ **檢查中間填充物有無凹陷**
　繃布中間會利用一般泡棉、高密度泡棉等進行填充，記得要檢查中間填充物是否有出現凹陷，正常應為飽和平整。

木工＋系統

床頭板結合床頭櫃、梳妝檯

減少施工成本，接縫收邊較傳統木工手法漂亮

搭配之工程

1 水電工程

重新分配水電管線與延長，預留床頭插座、網路線與電源開關，以供未來居家使用需求。

施工準則　**木工打底順平牆壁平整度，系統板裝飾加快施作時間。**

利用系統板材現場少廢棄物的環保特性，與防蟲蛀、易組裝等施工優點來設計床頭板、床頭櫃與梳妝檯，呈現出主臥整體感與和諧性，並能減少施作工序、加速完工時間與降低施工成本。使用系統板材重在事前規劃，尺寸計算需十分精準，以利現場組裝順暢，減少板材成本損耗。善用板材不同尺寸與厚度來增加線條活潑度，讓系統板材不再單調無趣，此處利用系統板材與繡布板的不同厚度，創造出床頭板與梳妝台隱形區隔，也能增加壁面活潑度，減少油漆成本。若是以傳統木工做法工序繁雜，也會拉高施工成本與時間。

運用系統板材搭配繡布製作床頭板、床邊櫃與多功能梳妝台，統一壁面完整度，且繡布日後可更換花色，增添居住空間的活潑性。

圖片提供＿御坊室內裝修規劃設計

| 板材與角料 | **Material 1：角材**
以 1 吋 2 角材為主，通常作為打底層的骨架。
Material 2：夾板
以 3 分或 4 分夾板作為打底，整平壁面與固定面材的系統板。
Material 3：系統板
以 0.8 系統板做牆面背板。系統板材統稱以厚度稱之，例如 0.8cm 稱為 08 板，依照厚度系統板可分成 08 板、18 板、36 板、40 板跟 50 板，不同廠牌則會依照顏色有不同命名。 |

Plus+ 選用與使用木材小叮嚀

☑ 系統板材盡量選擇有花紋種類，若有缺失可以利用補塗筆修補較不明顯。

☑ 系統板材做桌面要注意要 R 角處理，R3 角度的細膩度最漂亮。

木工 + 系統床頭板結合床頭櫃、梳妝檯施工順序 Step

現場放樣預留開關插座 ---→ 確認壁面垂直水平下角材 ---→ 夾板封底 ---→ 封系統板 ---→ 固定繃布板

Step 1 現場放樣預留開關插座

現場放樣，水電工班預留水電管線開關與插座。

圖片提供＿御坊室內裝修規劃設計

Step 2 　確認壁面垂直水平下角材

用墨線測量垂直水平，下 1 吋 2 角材打底，這個作法是因應壁面需留較多管線經過空間。

Step 3 　夾板封底

以 3 分或 4 分夾板於骨架處封底，此處
夾板是為了固定其上的系統板。床頭板
處也另以夾板封底。

圖片提供＿御坊室內裝修規劃設計

Step 4 　封系統板

多功能化妝檯的壁面以 08 板用蚊釘固定於夾板上，與化妝檯接邊處以 PVC 封邊，可呈現
自然柔潤不突兀的效果，較傳統木工會留下氣孔縫的做法來得美觀。

Step 5 　固定繃布板

施作前先依圖樣裁切不同尺寸夾板，送去繃布工廠加工，用貓抓布夾泡棉做出厚度，固定
於夾板背面不見光處，再以魔鬼沾固定於牆壁夾板上。若日後想變化風格，取下後更換繃
布顏色花樣又是一道新風景。臥榻也以同款貓抓布製統一室內色調，床頭板此作法也可
運用其他材質可有多種變化。

🔧 Plus+　施作工序小叮嚀

☑ 釘子孔不要太多，利用同色塗土筆修平就看不出痕跡。
☑ 繃布板需等油漆與系統櫃等工序退場後再裝才不會髒。
☑ 若壁面不需走太多管線，可不用角材，直接以夾板封底，更能節省施工時間。

⚙ 現場監工驗收要點

☑ **仔細檢查床頭板和壁面銜接處**
　確認床頭板與壁面是否貼合無澎拱，收邊矽利康是否太明顯。
☑ **固定後要確認表面平整性**
　蚊子釘孔是否過多，有無修補平整。

立面裝飾木作
工法實例解析

木作除了用來修飾天花板、梁柱、畸零空間之外,它的多變性也能為空間立面增色。結合設計元素不只能為窗框塑新造型,櫃體、牆壁立面也變得立體好看,抑或是在玄關處加一道屏風、格柵,創造隔而不斷的效果外,還能化解風水難題。隨木工施作技術日新月異,有設計者嘗試以塗裝木皮板、系統板材等為材料,整合木工手法,為空間帶來更獨特的視覺效果,還能兼顧省時與環保。

專業諮詢╱開物設計 Ahead Concept、澄橙設計、層層設計、敘研設計、御坊室內裝修規劃設計

工法一覽

	造型窗框	立面線板	牆面造型裝飾	玄關屏風	玄關格柵	木工＋系統－牆面造型裝飾
特性	適度注入設計元素，以造型窗框帶出空間亮點；造型窗框雖然美，但要留意是否有充足空間能施作，且不會影響坪效。	線板是多做於內角或立面的線條造型。材質多元，仍以PU發泡線板為大宗，造型多變又沒有影響健康的疑慮。	玄關牆面加以裝飾，讓小環境美感升級。以塗裝木皮板為材料，大幅縮短施工期，減少現場施工更環保。	玄關屏風施作關鍵在於前置放樣作業，無留意進屋大門的迴旋空間、預留站立空間等，皆要留出適當距離。	格柵能讓空間製造出隔而不斷的效果，但完成後既無法移動也不能輕易更改，因此在施作前一定要確定其間隔、透視的效果是不是符合。	以ABS封邊對接的系統板材做裝飾材，為造型呈現上減少拼接感，視覺效果更細緻。
適用情境	想為窗戶添獨特造型，讓空間具亮點。	想讓櫃體、牆面的視覺更加美觀。	利用牆面造型設計延續成玄關端景。	化解風水，有效阻擋室外的灰塵與髒空氣。	化解沒有玄關的窘境，想輕鬆分隔出空間。	替空間牆面添裝飾，又想讓效果更精緻。
施作要點	同時運用木皮板與木皮不織布，以設計做斷面材，藉此可以做到讓兩者不必硬相連一塊。	線板彎角裁切平整，上漆時才能精緻呈現；製前先核好對花，45度角的接合處要精準。	塗裝木皮還需要和清水模塗料銜接，使用不留殘膠的遮蔽紙膠帶黏貼，讓分割線條俐落不起毛邊。	當玄關地坪有做異材質表現時，避免屏風發生錯位的狀況，這樣會無法有效地劃分場域。	可預先請師傅做3～5支、高30～50cm的格柵模型，拿至現場擺放，可依現場調整格柵的寬度、深度、間距等比例。	系統板材已先在工廠做封邊處理，現場無法裁切，需預留之後施作的地板高度，才不會在地面完成後卡住無法開闔。
監工要點	施作中重要階段都要來現場確認，最後貼皮的平整度也要留意。	符合設計圖需求、線板呈現的平整性。	確認塗裝木皮板有無色偏、整體牆面是否完好。	確認屏風的完整性以及其與地坪的距離是否一致。	一條條格柵最終要是整齊的，且之間的水平線、間距都要一致。	板材立面上若有添加懸吊櫃，要記得留意結構補強是否充足。

※ 本書記載之工法會依現場施工情境而異。

造型窗框

為空間增添意象連結、視覺更上一層樓

搭配之工程

1 拆除工程

此案拿掉原始空間中一個 L 型的隔間，將更多空間回歸給公共空間使用，在雙拱門的正中間，背面其實是原始房間的外牆。拆除隔間牆前要留意磚牆與木作隔間的拆除手法不同，若是木作，則把面材拆除，再順釘子方向往回打好一根根卸除骨料。

2 水電工程

若要在窗框處設置電源插座等，可以在骨料下完後，請水電師傅進場施作進行拉線。

施工準則　以空間條件訂出適當尺寸、比例，才能讓設計發揮生效。

室內設計應朝向個人化設計，為了讓空間有屬於主人的獨特語言，可透過木作創造符合業主的元素，豐富空間內涵。像是本案的造型窗框，呼應屋主喜愛航船而生，將其常見的弧形或拱形語彙帶到空間裡頭，把氛圍重塑。實際上，造型窗框與窗戶並非直接相連，並非傳統意義上的鋁製窗框，為了在中間掛上單一層紗，窗框與窗戶間保留了 15 ～ 18cm 的距離，若想掛上各一層紗與窗簾布，可能需要保留更多空間。也因為這樣，製作上更像是在窗戶前打造弧形拱門的端景，尤其是雙拱門的設計，更重視原始環境是否有充足空間能施作而不影響坪效，比例拿捏也很重要。

開物設計 Ahead Concept 以流線的弧形連結內與外的航海意象。　　圖片提供＿開物設計 Ahead Concept

板材與角料

Material 1：集層角材

由單片的夾板推疊，並經過膠合熱處理製成，是運用在室內裝潢、天花板結構骨架的板材首選。

Material 2：夾板

主要由 3 層、5 層或以上奇數組成的薄木板，夾層越多，硬度及承重力越 。

Material 3：木皮板

在夾板貼上一層實木皮的板材，由於表面為實木皮，因此比一般的貼皮更具原木質感，經常被運用做為修飾面材。

Material 4：木心板

上下外層為約 0.5mm 的合板，中間由木條拼接而成。根據中間拼接木條木種的不同，堅固程度會有落差，一般市面上可大致分為麻六甲及柳安芯兩大類。

Material 5：木皮不織布

原木經由機器刨切出一片片薄如紙張的木皮，再經由熱壓工程貼合於專用不織布上，可視為原木薄皮的進階版，是貼邊操作相當方便的材料。

🍮 Plus+　選用與使用木材小叮嚀

☑ 造型窗框的大部分表面使用木皮板貼覆，唯弧形處因自寬面往內縮呈現斜面，木皮板厚度較厚而不適用，因此改用更輕薄的木皮不織布。若同時使用兩種材質做為表面材，記得選用色澤、紋路等較為一致的木皮，搭配對花、拼花工法，呈現效果較佳。

☑ 造型窗框的骨架主要以夾板製作，因其有著堅固、較省錢的優點，但是面對拱形面的需求，夾板因較不易變形而難以勝任，要使用抗變形能力強的木心板。

造型窗框施工順序　Step

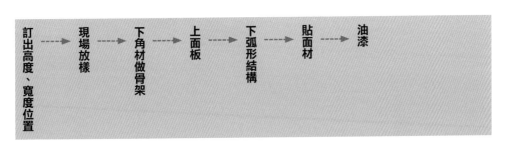

訂出高度、寬度位置 ----> 現場放樣 ----> 下角材做骨架 ----> 上面板 ----> 下弧形結構 ----> 貼面材 ----> 油漆

訂出高度、寬度位置

測量樓板到天花的高度以及兩面窗涵蓋的寬度，依照理想的比例訂出弧形拱門窗框各個節點的長寬高尺寸。

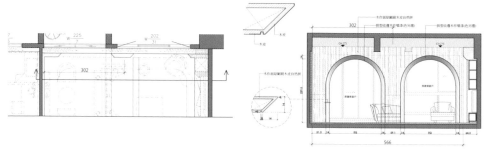

圖片提供＿開物設計 Ahead Concept

Step 2 **現場放樣**

依施工圖面，訂出空間的基準線，再標示施作位置。這個階段，要仔細對造圖紙上的圖示，包括中心點位置、拱門上方高度水平、與窗戶距離是否一致……等，以免後續工程被影響。

Step 3 **下角材做骨架**

骨架是支撐造型窗框的重要結構，依照牆面的長寬比例會影響角材的排列間距。使用角材組合拱型外框的骨架，一般先從立地材開始，先於地面和天花施作橫向角材，訂出牆面的上下高度，再來立縱向角材，最後是橫向角材，上述作業都是利用釘槍作固定。

Step 4 **上面板**

完成窗框基礎骨架後，將夾板貼覆於已經塗佈白膠的骨架上，再以釘槍固定。

圖片提供＿開物設計 Ahead Concept

Step 5　下弧形結構

將木心板處理裁切，形成類似長方體大小的骨架，並依照現場已經完成的拱形面弧線將其切為弧狀。之後，將一塊塊骨架以 4～6cm 的間距疊成一個弧形，再以彎曲板貼覆在這個弧形骨架的表面。最後，將完成的弧形量體以釘槍固定在原先結構上。

圖片提供＿開物設計 Ahead Concept

Step 6　貼面材

先將木皮板用強力膠黏貼在夾板上，再來配合木皮板的紋路走向，將木皮不織布做裁切，盡可能對應木皮板的紋路、走向做對花，一片片將其黏貼在弧形拱門的表面上。

Step 7　油漆

在木皮與不織布表面先上底漆，填補牆面上的細小裂縫，最後再上油性面漆，在木材上形成保護膜。

✥ Plus+　施作工序小叮嚀

- ☑ 貼面材的過程中，為了讓木皮板與木皮不織布兩種不同材質的紋路能呈現最好的效果，透過拼花、對花方式雖然會增加耗損，但是不可或缺的過程。
- ☑ 因木皮板與木皮不織布始終是不同的材質，可透過設計做到斷面材，讓兩者不必硬是相連。

✥ 現場監工驗收要點

☑ 貼皮的平整度

木皮板與木皮不織布貼覆後，要留意表面是否平整，以免質感打折。黏貼後如果有木皮突起的部份的，用工具將其推平；也要注意黏著劑的塗布影響平整。

☑ 幾個重要階段都要來現場確認

包括開始下角材做骨架、骨架完成後、貼面材等階段，都要到現場確認並與師傅進行討論，確保所有施工都依照圖面進行。

立面線板

歐美風格語彙，豐富空間裝飾與細節

搭配之工程

1 油漆工程

線板在牆面（櫃體、門片等）釘製完成後，採批土或矽利康進行填縫修繕，後進行打磨，最後上底漆和面漆，過程中要注意平整性。

施工準則 注意板材上漆平整性，彎角接縫處需精準才顯漂亮。

線板為空間中的裝飾建材，常見用於天花板、牆面以及訂製櫃體門片上，或與如玻璃、漆料做設計混搭，主要能呈現居住者的個人品味、也可以創造出美式風情或歐式古典的質感。線板的材質有實木、PU 發泡線板、PVC 塑膠線板等，因 PVC 塑膠線板有健康疑慮，現今使用最大宗的為 PU 發泡線板，它屬於人為造物的材料，所以造型能更為多變，不過，施工上必須留意的部分主要為尺寸裁切，以及線板銜接與固定後的平整度。

新古典風格搭配俐落線條形塑空間氛圍，在客廳牆面、餐廳收納櫃體，隱藏門片採手作紋理的特殊漆與優雅線板，創造出多元材質的立面景緻，也讓生活空間顯現精緻華麗的面貌。

圖片提供__澄橙設計

板材與角料

Material 1：木心板

以木心板作為櫃體底材使用，其耐重力佳、結構紮實，五金接合處不易損壞，有不易變形的優點。

Material 2：PU 發泡線板

有實木、PU 發泡線板、PVC 塑膠線板等，實木因耗材與價格高額、PVC 塑膠線板有健康疑慮，目前普遍使用 PU 發泡線板。

Plus+ 選用與使用木材小叮嚀

☑ PU 發泡線板有不同紋理的設計，可依所需空間風格變化應用，價格會因雕花款式複雜性而有不同。

立面線板施工順序 Step

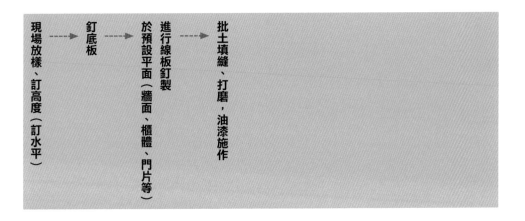

現場放樣、訂高度（訂水平） ---→ 釘底板 ---→ 於預設平面（牆面、櫃體、門片等）進行線板釘製 ---→ 批土填縫、打磨，油漆施作

Step 1 現場放樣、訂高度（訂水平）

在工地現場按照具體尺寸繪製放樣圖。

確認施作位置，如櫃體要先將五金絞鍊、軌道鎖緊，另外抽屜與門片調整至正確位置，再進行線版釘製。

Step 3　於預設平面（牆面、櫃體、門片等）進行線板釘製

釘製前，線板彎角銜接時要先核好對花，有誤差要割下誤差的部分。接著將線板的背面用白膠塗滿，貼至預設平面上，並於施作位置的銜接處打釘。

Step 4　批土填縫、打磨，油漆施作

牆壁或線板之間會有縫隙，需以補土或
矽利康進行修繕，並進行打磨，最後上
底漆和面漆。

圖片提供＿澄橙設計

⊖ Plus+　施作工序小叮嚀

☑ 注意線板彎角裁切需平整，上漆時才能呈現精緻度。

☑ 釘製前先核好對花，45 度角的接合處要精準。

⊖ 現場監工驗收要點

☑ **符合設計圖需求**
　線板類型、款式設計、尺寸與設計圖一致。

☑ **線板呈現的平整性**
　銜接處的縫隙要補齊，上完油漆後的觸感和視覺要平整。

牆面造型裝飾

三角幾何線條，玄關收納櫃美感升級

1 水電工程

LED 燈條需要使用變壓器，燈條位置確定後要將電線留長一點以便接電，另外也要注意變壓器擺放的位置，方便日後維修。

2 油漆工程

底漆完成後要再上一層油性底漆，防止夾板吐油影響之後特殊塗料的施作，待3～5天乾燥後再進行清水模塗料工程。

3 清水模塗料工程

建議等所有裝修工程完成後再進場施作，避免裝修過程中的碰撞導致塗料表面受傷；或是塗料工程完工後，強化保護工程讓清水模塗料與另一側的塗裝木皮板牆面銜接平整。

施工準則 使用塗裝木皮板可縮短施工期，減少現場施工更環保。

為室內、外過場的玄關，其空間條件有限，必須在限有面積中完成收納、門面造型與氛圍營造的三大任務。設計者運用塗裝木皮板和清水模塗料搭配三角幾何造型，堆疊玄關收納高櫃的門片，且將牆面造型設計延續成玄關端景。因透過分割拼貼的溝縫，將櫃體門片的把手隱藏其中，再加上 LED 燈條點綴，在木工進場前先由水電師傅確定好燈條安裝位置，接著再黏貼塗裝木皮板，以及另一面牆的油漆施作，最後才是清水模塗料工程進場，避免塗料表面受損。

層層設計設計總監楊謹安在玄關造型牆以三角形為造型基礎，藉由線條分割下的拼貼縫隙製造出凹凸面，讓牆面有層次變化。

圖片提供＿層層設計

216

板材與角料

Material 1：塗裝木皮板

板材已經事先加工完成，將木皮與底板貼合，在現場不需要施作面漆，可直接施作組裝，縮短施工時間。

Plus+ 選用與使用木材小叮嚀

☑ 黏貼塗裝木皮板時可以選擇環保型強力膠，避免有機揮發物質殘留過多。

☑ 塗裝木皮板表面已上過保護漆，耐刮耐磨，清潔時可以抹布沾水濕擦。

牆面造型裝飾施工順序　Step

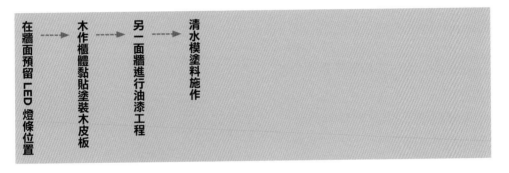

在牆面預留 LED 燈條位置 ⇒ 木作櫃體黏貼塗裝木皮板 ⇒ 另一面牆進行油漆工程 ⇒ 清水模塗料施作

Step 1　在牆面預留 LED 燈條位置

依照設計圖於牆面預留安裝 LED 燈條的位置，電線需留長一點以便接至變壓器。

圖片提供＿層層設計

217

Step 2 **木作櫃體黏貼塗裝木皮板**

櫃體黏貼塗裝木皮板作為門片，另一面牆則做出分割線條及凹凸面。

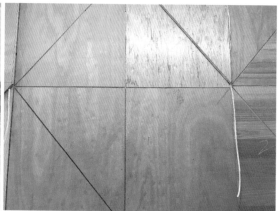

圖片提供＿層層設計

Step 3 **另一面牆進行油漆工程**

牆面進行批土、打磨、上底漆後，再上
一層油性底漆，待 3 ～ 5 天後乾燥。

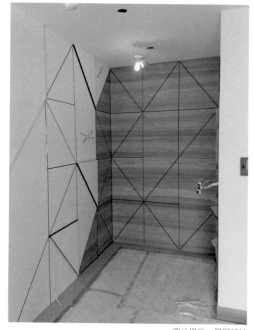

圖片提供＿層層設計

Step 4　清水模塗料施作

其他裝修工程皆完成後，進行清水模塗料施作，再透過 LED 燈條呈現手感及紋路肌理。

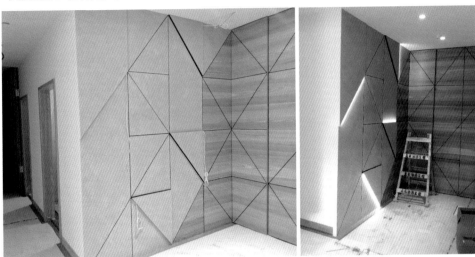

圖片提供＿層層設計

🔧 Plus+　施作工序小叮嚀

☑ 注意 LED 燈條需要搭配使用變壓器，變壓器需留在日後好維修的位置，如：冷氣維修孔處。

☑ 為了讓清水模塗料與塗裝木皮板銜接自然，會使用不留殘膠的遮蔽紙膠帶黏貼，讓分割線條俐落不起毛邊。

⚙ 現場監工驗收要點

☑ **確認塗裝木皮板有無色偏**

　　每批木料顏色紋路都會有些不同，可在施作前先確認，減少色偏問題。

☑ **檢視整體牆面是否完好**

　　確認塗裝木皮板有無破口，表面是否有刮傷或殘膠等。

玄關格柵

空間隔而不斷，
透光但不透視

搭配之工程

1 天花工程
施作格柵之前，會先整理天花管線或包覆工程，才安排格柵，最後處理交界細節。

2 地坪工程
建議先鋪設地板、再做格柵，注意做好保護工程，完成格柵再進行交界處細節收尾。

施工準則　**格柵間的鬆緊度，是創造不同空間感受的關鍵。**

想要擁有通風明亮的玄關，但又不希望一進門就望穿全宅，木格柵是一個很好的選擇。一條條直立的木格柵自地坪延伸至天花，讓空間更立體，也能製造出隔而不斷的效果。設立木格柵前要了解，完成後會佔據一些空間也無法移動或輕易更改，因此在放樣或模型製作階段等可以調整的階段，一定要確定其間隔、透視的效果是不是自己要的。施作前可預先打好樣式，並實際到現場擺放測試效果，可藉由此階段調整木格柵的寬度、深度、間距等，找出最合宜的尺寸。

在不大的坪數中，敘研設計運用單一材質放大空間視覺感受，將 5cm 的寬面斜擺為 15cm 的深度，細膩地改變了空氣流動，以及製造出光影的變化。

圖片提供＿敘研設計

板材與角料

Material 1：夾板

好幾層薄板黏在一起，結構強度強，堅固且不容易彎曲變形或折斷。

Material 2：白橡木貼皮

白橡木顏色淡雅、紋理美觀；貼皮有實木的質感和紋理，但輕薄且較實木實惠。

Plus+　選用與使用木材小叮嚀

☑ 一般格柵不會用實木，成本太高；但如果每一單位很細、只有 1cm，用實木容易固定，減少貼皮的工資。

☑ 夾板厚度有很多種，單位用法也要注意，例如 4 分夾板厚度大約 0.9cm，所以最終完成尺寸要一定要跟先師傅溝通清楚，讓師傅依照需求進行尺寸的調整。

玄關格柵施工順序　Step

現場放樣 ⇢ 實際丈量確認高度 ⇢ 放底座角料 ⇢ 製作格柵單元 ⇢ 安裝格柵 ⇢ 貼木皮 ⇢ 塗上水性木料保護漆

Step 1　現場放樣

請師傅預先做一個 3 ～ 5 支、高 30 ～ 50cm 的格柵模型，藉由實際擺放確認整體感覺，可依現場環境來調整木格柵的寬度、深度、間距等比例。

a b a b

圖片提供＿敘研設計

實際丈量確認高度

實際現場測量，確定最後格柵完成後的高度。必須評估現場安裝條件預留安裝伸縮空間。

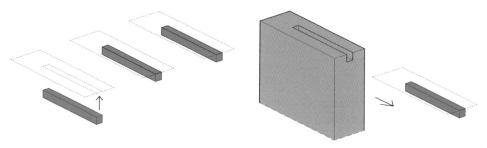

圖片提供__敘研設計

Step 3 **放底座角料**

天花板和地板，在要放置格柵的位置，安裝數量相對應的底座，並將其固定。

Step 4 **製作格柵單元**

此案的格柵預先在工廠以夾板製作，高 235cm，寬 15cm、厚度 5cm，共使用 7 支，同時也會在工廠預先將寬度部分的木皮貼好。

Step 5 **安裝格柵**

製作完成的格柵送至現場，與上下底座接合，再以釘槍固定接合處。

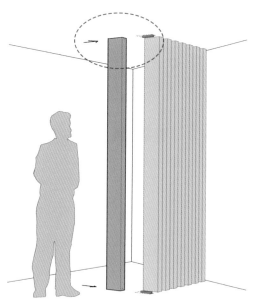

圖片提供__敘研設計

Step 6　貼木皮

貼上厚度部分的木貼皮，清潔表面殘膠，
以細砂紙磨邊修飾。

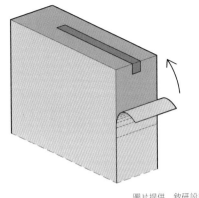

圖片提供＿敘研設計

Step 7　塗上水性木料保護漆

塗上水性木料保護漆，強化木格柵的耐受度，避免發霉、龜裂，也更容易清潔維護。

🔧 Plus+　施作工序小叮嚀

☑ 丈量高度時，要記得預留施工安裝的迴轉空間。
☑ 留意格柵柱體在運送時，電梯、門口高度是否能進入，以及有無需要爬樓梯。
☑ 貼皮貼上後要再次壓緊，確定都緊密黏住了沒有空氣。

⚙ 現場監工驗收要點

☑ **最重要是整齊**
序列的格柵設計要讓人看起來順眼且耐看，關鍵是確定水平線、間距都要一致。

☑ **確認斜面導角**
有斜面的格柵，會有一面比較尖銳，要確認邊角打磨，絕不能有容易刮手或是受傷的
地方。

玄關屏風

化解風水疑慮，提升居家生活隱私

搭配之工程

1 鐵件工程

先製作鐵件外框，算好所需厚度，再鋪陳石英磚與木地板；另外鐵件當中內嵌清玻璃，援引光線放大視覺透亮感。

2 油漆工程

木作門片以烤漆方式提升設計美感，讓其顏色飽滿、質感透亮，並且能達到反射面光澤明亮的效果。

施工準則 　需要考量地坪的材質搭配，首重高低差以及密封性。

玄關裝潢一方面著重在收納規劃，另一方面則為屏風的設計概念，不但可化解風水疑慮，也能提升居家生活的隱私，甚至巧妙營造出落塵區。玄關裝潢的形式多元，大至收納機能強的雙面櫃牆到輕薄不佔空間的屏風，除此之外，加上玻璃的屏風還能增加透光感，能放大空間視覺效果。其工程最關鍵的是施工前的放樣，特別是在進屋大門的迴旋空間、預留站立空間等，皆要留出適當距離，另外，在異材質地坪的尺寸拿捏，避免發生屏風錯位的狀況，進而無法有效地劃分場域。

玄關地坪選用灰色霧面石英磚做鋪陳，搭配以鐵件、木作打造而成的灰綠色屏風，一進門即展現高雅細緻的家居氛圍。

圖片提供＿澄橙設計

板材與角料

Material 1：夾板

由多片單板膠貼而成，耐重耐壓，不容易彎曲變形。

Plus+　選用與使用木材小叮嚀

☑ 夾層愈多，硬度及承重力愈強。

☑ 需注意木頭與木頭銜接處會有熱漲冷縮裂開的情況。

玄關屏風施工順序　Step

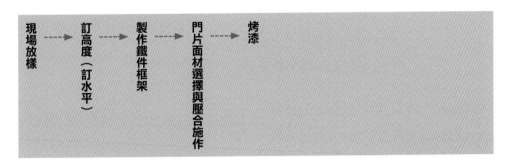

現場放樣 ⟶ 訂高度（訂水平） ⟶ 製作鐵件框架 ⟶ 門片面材選擇與壓合施作 ⟶ 烤漆

Step 1　現場放樣

在工地現場按照具體尺寸繪製放樣圖，屏風與進門門片平行距離約 120cm。

圖片提供＿澄橙設計

Step 2　訂高度（訂水平）

以水平儀打出水平線，確認屏風置放處與天花板水平是否一致，並進行校準，同時確定屏風門框兩側長邊垂直地面。

Step 3　製作鐵件框架

與地面異材質的搭配，在製作鐵框時留意厚度問題，避免高低不均。

圖片提供＿澄橙設計

Step 4　門片面材選擇與壓合施作

置入木製夾板，壓合鐵件與夾板間的縫隙。

Step 5　烤漆

最後以單一色彩進行烤漆塗佈。

✿ Plus+　施作工序小叮嚀

☑ 放樣時要注意開門門片和隔屏的距離拿捏。
☑ 垂直跟水平線都要平整，避免有歪斜的狀況。

✿ 現場監工驗收要點

☑ **確認屏風的完整性**
木質夾板與鐵件內框的連結要牢固；裝飾烤漆要平整均勻，不能有裂紋等瑕疵。
☑ **檢查地坪與屏風距離是否一致**
地坪異材質配搭是否符合設計圖需求、尺寸是否一致，另外地坪有沒有因為裝置屏風而有高低起伏不均的現象。

木工＋系統

牆面造型裝飾

巧用系統板材做裝飾，減少接縫拼接

搭配之工程

1 水電工程
依照設計圖拉線施工。

2 鐵件工程
訂製厚 5mm、寬 6cm、長 240cm 的黑鐵至工廠烤漆，工廠做好送來直接黏在與系統板材交接處，做壁磚與板材的溝縫收邊處理。

施工準則

利用門板造型掩去門縫線條，整合兩邊房門視覺。

系統板材除了現場工序簡單，減少廢棄物十分環保，相較傳統板材長度為 120cm 或 240cm，系統板材可達 275cm，且 ABS 封邊對接的系統板材縫隙肉眼難見，若為造型使用可減少拼接感，且系統板材是在工廠以千萬等級的機器裁切封邊，相較木工幾萬元的鋸台自然來得精準。此處便是利用系統板材無接縫特性來修飾客廳壁面，將門片做出凹凸造型，呼應電視後方仿石皮壁磚的壁面，隱去兩邊房間與更衣室入口的突兀感。

御坊室內裝修規劃設計運用深色系統板材搭配仿石皮壁磚，整合通往房間與更衣室入口與統一電視區調性。

圖片提供＿御坊室內裝修規劃設計

| **板材與角料** | **Material 1：夾板**
此處為固定系統板材與仿石皮壁磚打底用。
Material 2：系統板
使用曜黑松木系列的 08 板、18 板、40 板。 |

⛑ Plus+　選用與使用木材小叮嚀

- ☑ 選用純白無花紋或深色系統板需格外注意施工細膩度，黑白色板材的平整與乾淨度很難維護，施工完畢要用 3M 除膠劑與科技海綿進行最後清潔，以利驗收順利。
- ☑ 釘子孔要用補塗筆順到平整。

木工 + 系統牆面造型裝飾施工順序　Step

確認壁地面與門框的垂直水平 ---▶ 夾板封底墊平 ---▶ 壁面造型施作 ---▶ 收邊

Step 1　確認壁地面與門框的垂直水平

確認壁地面以及門框的垂直水平，若無，需以夾板整平。門片就是垂直水平、五金與板材的關係，尤其系統板沒有斜度，要預留多少門縫斜度，門片才不會卡到門框、鉸鍊與舌簧，都需要拆料的人有豐富工程經驗。

圖片提供＿御坊室內裝修規劃設計

Step 2　夾板封底墊平

預留水電開關與插座，其餘以 4 分夾板
全部封平打底，用來固定仿石皮壁磚與
系統板材。

圖片提供＿御坊室內裝修規劃設計

Step 3　壁面造型施作

門框以外的壁面以 8mm 系統板材包覆，門片則以 8mm 與 18mm 的板材交互結合，做出
造型。

Step 4　收邊

門片左右再以 08 板做各凸出 1.5cm 的造型蓋住門縫與絞練，讓整體造型更完整。

🔄 Plus+　施作工序小叮嚀

☑ 系統板材已經在工廠做封邊處理，現場無法裁切，需先預留之後施作的地板高度，才不會在
　地板完成後卡住無法開闔。

☑ 安裝開關五金的門墩縫隙需精準計算，太寬不夠美觀，太窄不利開闔；舌簧那邊的門框製造
　一點斜度，才不會卡到。

☑ 以不同厚度的系統板材靈活配合五金的安裝空間。

🔄 現場監工驗收要點

☑ **注意門縫空隙距離**
　門縫空隙留太多會失去美觀，自動緩衝的五金該留多少縫隙需事先精算。

☑ **加強懸空電視櫃的固定**
　確認懸空電視櫃於牆面固定處有加強處理，預防脫落。

貼皮木作工法實例解析

為減少木材資源的浪費，再加上全實木的原料價格高，用在裝潢、櫃體等都造價不斐。因此改良出將實木刨切成極薄的薄片，黏貼於夾板、木心板等表面，從外觀看同樣能營造出實木的自然質感。實木貼皮的厚度從 0.15 ～ 3mm 都有，通常厚度愈厚，表面的木紋質感愈佳。一般的實木木皮由於厚度過薄，在施工過程中可能會受損，會在底部加一層不織布黏貼層，以方便施工。

專業諮詢／F Studio Design Lab、竣恩創意空間制作

工法一覽

	櫃體貼皮	門片貼皮	檯面貼皮
特性	櫃體它通常不會只是表面貼覆，還有可能會需要整合相關開關、插座，這些轉角處的貼覆要仔細留意。	臥房或櫃體門片的數量有時會有多片情況，貼時紋路方向性要一致，整體才會美觀。	有些檯面使用頻率非常高，在貼皮時可於最後步驟噴上保護漆，多做一層防護。
適用情境	藉由木皮溫潤效果，增添櫃體質感。	藉由木皮溫潤效果，增添門片質感。	延續櫃體的材料，讓呈現效果達到一致。
施作要點	櫃體設計上若有規劃和異材質相接，接合處要自然。	貼覆過程中要記得壓出之間的空氣，讓表面更平整。	上膠風乾的過程中，要注意晾置處的環境清潔，勿沾到髒汙。
監工要點	檢查邊緣是否有翹曲、留意開關和插座貼皮交接處完整性。	觸摸邊角是否有毛邊瑕疵、留意門框組合的整齊性。	確認貼皮是否服貼、殘膠是否皆清除乾淨。

※ 本書記載之工法會依現場施工情境而異。

櫃體貼皮

木皮點綴，加乘營造了溫潤氣息

搭配之工程

1 水電工程

玄關櫃體整合門鈴、對講機、插座、開關等機能，由水電工程將相關管線做定位及延伸，後續再經由木作收於櫃體裡。

2 櫃體工程

櫃體內配置固定式層板、抽屜、五金吊桿等，提供收納生活小物、鞋子，以及吊掛外出衣物等功能。

3 玻璃工程

為了讓光源不因櫃體而阻斷，櫃內局部嵌入長虹玻璃，讓光線能從玄關穿透進入室內。

 施工準則 | **櫃體整合開關面板，轉角處的貼覆也要仔細。**

木作櫃體，在本工師傅利用板材做出外型後，接著會再進行表面的裝飾材處理，F Studio Design Lab 以貼覆木皮來作為裝飾，同時搭佐長虹玻璃讓整體更顯輕盈。由於櫃體不單純只是表面貼覆，還有可能會需要整合相關開關、插座，在搭建櫃體前需先將相關管線配接好，木作再預留管線及開關、座的位置，而後進行貼皮時，經裁切、上膠、貼皮、修邊等動作外，開關面板開孔轉角處的貼覆也要仔細留意，避免貼不牢、翹曲的情況發生。

玄關櫃以白橡木搭佐長虹玻璃更顯輕盈外，也成功將門鈴、對講機、收納外出衣物、鞋子等功能收於一體。

圖片提供__ F Studio Design Lab

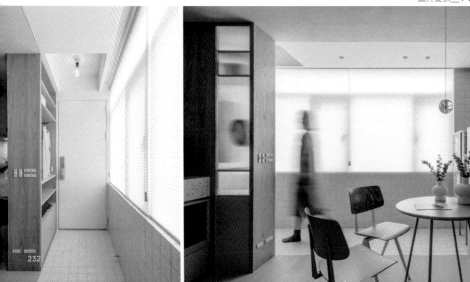

板材與角料

Material 1：木心板

木心板被廣泛運用於櫃體，其好處可依據需求裁切成不同尺寸後使用。

Material 2：白橡木木皮

白橡木本色偏淺、木紋表現自然生動，表現上能強烈展現原木的風味。

🔅 Plus+　選用與使用木材小叮嚀

☑ 木心板在順著紋理方向的橫向有著很強的支撐力，以木心板製作層板時，要注意木心板條的方向，避免載重變形。

☑ 貼木皮前仔細確認欲呈現的紋理走向，結果出來才會更符合期待。

櫃體貼皮施工順序　Step

現場放樣、電源佈線 ---→ 裁切 ---→ 清潔表面 ---→ 上膠 ---→ 貼皮 ---→ 壓合 ---→ 修邊

Step 1　現場放樣、電源佈線

進行現場放樣，抓出正確尺寸，而後在木工前進場前預先進行電源線的佈線。

233

Step 2　裁切

將木皮按需求裁切出適合的尺寸。

圖片提供＿F Studio Design Lab

Step 3　清潔表面

一定要保持表面的乾淨，不然貼皮表面
凹凸不平，也會影響膠的黏性。

圖片提供＿F Studio Design Lab

Step 4　上膠

在施作表面和木皮表面上膠，均勻塗抹確認每一處都有上到膠。

Step 5　貼皮

等膠半乾之後，再將白橡木木皮貼於櫃體上。

圖片提供＿ F Studio Design Lab

Step 6　壓合

接著做按壓動作，讓彼此能緊密結合，由於櫃子上有開關插座，洞口轉角處也要仔細壓合。

Step 7　修邊

用磨刀修剪多出來的木皮，並以砂紙將邊緣磨平。

✿ Plus+　施作工序小叮嚀

☑ 貼木皮時要注意紋路方向性要一致，避免不一致，影響美觀。
☑ 雖說木作櫃是先做，但貼完木皮後，後續在與天花、地坪材料接合時仍要注意收邊細節，讓相異材質相接是自然的。

✿ 現場監工驗收要點

☑ **檢查邊緣是否有翹曲**
　 板材有 4 個面，在驗收檢查時留意面的邊緣處是否有貼牢固，不應有翹曲現象才對。

☑ **留意開關、插座貼皮交接處**
　 由於木片非單純平片，還需放入開關、插座面板，因此這部分貼皮交接處要細細檢查，留意是否有貼牢固。

門片貼皮

貼覆木皮瞬間提升空間自然氛圍

搭配之工程

1 櫃體工程

此為衣櫃門片，先利用板材架構出桶身，再逐一將櫃內零件組裝完成櫃體。櫃內板材以波麗木心板為主，以木心板為底材，表面黏貼印刷紙膜、膠膜或噴聚酯塗料製成的板材，優點是不需貼皮上漆；門片則以木心板為主，再加以貼木皮做表面裝飾。

施工準則 ： 完整貼合施作面，不出現翹曲、不平整情況。

經底材製作而成的門片，通常會再上表面材加以裝飾，使門片更加美觀、好看。表面裝飾的手法中，貼皮是常見的方式之一，另外還有噴漆、烤漆、上美耐板……等。施作木作貼皮時要依序經過裁切、貼皮、修邊、打磨等步驟，特別是在貼覆前一定要將施作面清潔乾淨，避免黏貼後表面出現凹凸情況，觸感不佳也有礙整體美觀。最後記得用手觸摸加以檢查，留意邊角處是否有出現未貼牢、翹曲等瑕疵。

主臥衣櫃門片貼覆橡木鋼刷木皮，突顯空間的自然氣質；一致的溝縫表現，也讓整體更為整齊美觀。

圖片提供＿F Studio Design Lab

板材與角料

Material 1：木心板

木心板耐重力佳、結構扎實，且又有不易變形的優點，因此門片以木心板作為底材，再貼實木皮做修飾。

Material 2：橡木鋼刷木皮

以鋼刷刷過木材表面製造出凹凸不平的效果，再結合本身自然紋理，更添質地特色。

⊕ Plus+　選用與使用木材小叮嚀

☑ 薄如紙的木皮會貼在一層不織布上，施工時再撕下，方便運用及使用。

☑ 已用木皮加工過門片，建議仍加以保護，預防現場水或汙漬附著影響美觀。

門片貼皮施工順序　Step

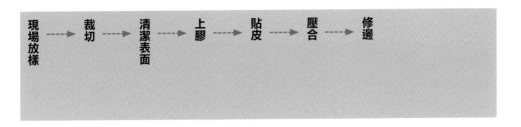

現場放樣 ----> 裁切 ----> 清潔表面 ----> 上膠 ----> 貼皮 ----> 壓合 ----> 修邊

Step 1　現場放樣

在工地現場按照具體尺寸繪製放樣圖。

Step 2　裁切

將要使用的木皮按需求裁切出適合的尺寸。

Step 3　清潔表面

貼木皮前一定要將表面清潔乾淨，因施作環境容易有粉塵，一旦落於貼覆面上，貼起來既不平整也容易有微微凹凹凸凸的情況。

圖片提供__ F Studio Design Lab

Step 4　上膠

分別於施作表面、木皮表面上膠，並用滾輪抹均勻，讓每一個面都有沾覆到膠。

Step 5　貼皮

等膠半乾後，再將橡木鋼刷木皮貼於門片上，並加壓表面，好讓木皮與面能牢牢的接合。

Step 6　壓合

貼覆過程中，利用木塊或鐵片按壓，讓木皮與施作面黏得更為牢靠，記得遇轉角處也要加以按壓，讓彼此更貼合。

Step 7　修邊

用修邊機或修皮刀將多餘的木皮修剪掉，同時也以砂紙將邊緣磨平。

圖片提供__ F Studio Design Lab

Plus+　施作工序小叮嚀

☑ 貼覆的過程中若膠有溢出，要隨時擦拭掉。

☑ 貼覆若是使用白膠可用電熨斗再次壓平，其他則用手或鎚頭敲擊一小塊木片推出黏貼面之間的空氣。

☑ 平皮要完整貼於表面，不能有翹曲或不平整的情況。

現場監工驗收要點

☑ **觸摸邊角是否有毛邊瑕疵**
以手加以觸摸邊角是否有出現毛邊，看貼合處是否有貼牢，或是發生掀角情況。

☑ **打光確認修邊是否整齊**
貼完後可利用打光加以確認修邊是否整齊到位。

檯面貼皮

掌握尺寸、黏貼、收邊，
使用壽命長

搭配之工程

1 木作工程

屬於木作的末端工程，在櫃體與檯面結構完成後，以實木皮或塑膠皮覆貼於櫃體之上，遮擋原本木心板或夾板櫃體的粗造表面，完成最終視覺上看到的櫃體樣貌。

施工準則　**尺寸精準，黏貼平整無氣孔，完美收邊不刮手。**

檯面貼皮即是幫櫃體表面穿上合適的衣服，屬於木作的末端工程，在櫃體與檯面結構完成後，以實木皮或塑膠皮覆貼於櫃體之上，遮擋櫃體的粗造表面，完成最終視覺上看到的櫃體樣貌。貼皮依據材質，主要分成實木與塑膠兩種，目的在於創造櫃體的質感與實用性，若不需要整塊笨重的實木桌／櫃，運用實木貼皮即擁有原木的紋理與觸感，既環保又方便保養與移動；又或者採用 CP 值且與硬度高的塑膠皮，可免除實木貼皮收邊完成後，在現場噴保護漆所延伸的臭味與等待時間，施工較為快速。不過要注意的是，塑膠皮無法達到實木貼皮收邊的包覆完整性，會有黑邊產生。

檯面透過貼皮將圓弧表面收邊完成，且整體延伸的線條更為柔和，輕鬆地營造居家整體的氛圍。

圖片提供＿竣恩創意空間制作

板材與角料	**Material 1：人造貼皮（俗稱不織布）** 實木貼皮的一種，使用天然實木打碎後高壓重組成後刨切，質感上較塑膠皮好、黏貼的難度與價格上比天然實木貼皮好，只是紋理較為統一規律，不如天然實木貼皮的獨一無二紋理。 **Material 2：收邊條** 實木收邊條由於質地較為柔軟，加上工程最後才噴上保護漆，所以在收邊的完整度與包覆性最佳，不會有黑邊產生。

Plus+ 選用與使用木材小叮嚀

☑ 噴上保護漆之後可能略有色差，若對色澤有嚴格要求者，須事前與設計師溝通

檯面貼皮施工順序　Step

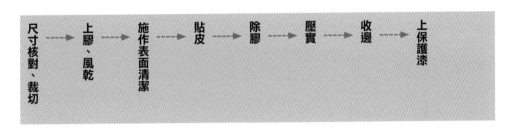

尺寸核對、裁切 ---→ 上膠、風乾 ---→ 施作表面清潔 ---→ 貼皮 ---→ 除膠 ---→ 壓實 ---→ 收邊 ---→ 上保護漆

Step 1　尺寸核對、裁切

提前掌握所有貼皮加工的尺寸與數量，確保貼皮加工板材數量足夠，以免再次叫貨的樣式顏色花紋有落差。接著由木工師傅於施工現場在施作前一次性裁切出該櫃體所需使用的貼皮材料，以方便後續施工。

Step 2　上膠、風乾

木工師傅將萬能膠／強力膠均勻塗抹在貼皮背面。將所有裁切與上膠完的貼片置於陰涼處風乾至半乾程度。

Step 3　施作表面清潔

上膠前將要施作的櫃體表面重新清潔乾淨，有利於黏貼。

Step 4　貼皮

貼皮前先在檯面做上膠動作，將整面貼皮以邊刮平邊服貼的方式貼整至櫃體上。

Step 5　除膠

使用乾淨的抹布塗上去漬油除去表面殘膠。

Step 6　壓實

利用圓滑的木塊將貼皮推平於櫃體之上使其加壓服貼，或隔一層小木板以鐵鎚敲打已貼上的貼皮與櫃體使其加壓服貼。

Step 7　收邊

以修邊刀將其與板材直角契合，來回一次即可完成修邊切割，之後以去漬油除去多餘的殘膠，再以砂紙磨平毛邊。

Step 8　上保護漆

將施工完成的櫃體噴上保護漆，待保護漆全乾之後，檯面貼皮的施工完成，之後即可植入五金配件與手把、門把等材料完成櫃體。

🔧 Plus+　施作工序小叮嚀

☑ 上膠風乾的過程中，一定要注意晾置處的環境清潔，一旦膠上沾到泥作物或碎石子，在黏貼時就會不服貼或有突起物。

☑ 上膠有抹平與噴膠兩種方式，抹平是木工師傅以刮刀將均勻塗抹於櫃體與貼皮之上，厚薄一致，考驗師傅的手感，噴膠則速度快且均勻，缺點是噴灑面積難以控制，屆時除膠較為困難。

☑ 收邊時需透過質地細的砂紙慢慢磨平，太輕時貼皮與收邊條間會有細微毛邊磨刮手，太用力會使內部原木色裸露，考驗師傅專業。

☑ 僅傳統實木貼皮與人造貼皮需要在施工現場的最後步驟噴上保護漆，傳統保護漆內含甲醛，味道刺鼻對健康有害，環保漆代之，但價格較為昂貴，等待保護漆乾的時間也較長。

🔧 現場監工驗收要點

☑ **確定貼皮是否服貼**
施工完成後最快半天，最慢兩天內可看出貼皮表面使空氣或是不規則膨脹。

☑ **確定收邊是否完整**
沿著櫃體實際用手觸摸，感覺表面是否皆為平順無毛邊會刮手。

☑ **確定殘膠是否皆清除乾淨**
沿著櫃體實際用手觸摸，有無不光滑面的殘膠。

踢腳板木作工法實例解析

踢腳板，又有腳踢板或踢腳線之稱，施作於牆面是牆與地面連結的節點，除了能使牆體和地面之間結合牢固，減少牆面變形的同時，能避免外力碰撞造成破壞；另外也有裝飾、美觀作用，能讓立面線條更立體。踢腳板也能施作於櫃體上，主要是用來當木作櫥櫃水平的基座，調正上方木作櫥櫃水平之用。

專業諮詢／FUGE GROUP 馥閣設計集團、樂創空間設計、吉美室內裝修工程有限公司

工法一覽

	牆面踢腳板	櫃體踢腳板
特性	牆面踢腳板是牆面和地板相交的節點。具保護牆體、減少變形,和裝飾美觀作用。	櫃體踢腳板主要是用來當木作櫥櫃水平的基座,調正櫃體水平之用。
適用情境	美化、保護牆面,或需要修飾不平整牆和地面接合處。	保護櫃體,提供牆面與櫃體間熱脹冷縮的空間。
施作要點	踢腳板遇複雜的造型,需思考踢腳板的進出面收邊問題。	若踢腳板有需要安裝插座,踢腳板寬度可以設定為10cm。
監工要點	留意牆面油漆的平整度、出釘處是否裸露。	確認門片的水平、留意銜接處是否平整美觀。

※ 本書記載之工法會依現場施工情境而異。

牆面踢腳板

堆疊的線條設計，提升風格裝飾性

搭配之工程

1 木作工程
踢腳板一般銜接於木作櫃、造型牆面工程。

施工準則 根據地板材質決定是否預留高度，蚊釘處避免裸露、歪斜。

早期居家裝潢幾乎可見踢腳板的蹤影，主要在於過去多半是拖把拖地、可避免拖把碰撞牆壁產生的汙漬，再者是木地板鋪設方式的關係，以往必須要預留較寬的縫隙，再利用踢腳板將縫隙覆蓋住。不過隨著打掃習慣改變，以及超耐磨木地板僅需以矽利康將縫隙修補，踢腳板愈來愈少出現在現代簡約風格的空間，多使用於美式、法式風格當中，透過不同線條紋理的設計，達到裝飾效果，通常美式踢腳板高度約 8 ～ 10cm 左右，法式空間則較高，落在 13cm 左右，若現成的踢腳線板沒有符合的高度，亦可搭配兩種線板做出堆疊設計。

以簡約輕法式風格為核心的居家空間，藉由堆疊的線板設計，增加裝飾性與層次感。

圖片提供__ FUGE GROUP 馥閣設計集團

板材與角料

Material 1：線板

線板材質包含 PU 發泡、PVC 塑料和實木等種類，目前以 PU 發泡較多人使用，質料輕。

Plus+　選用與使用木材小叮嚀

☑ PU 發泡線板有不同高度尺寸與紋理設計選擇，多為半成品，表面僅如油漆面的簡單打底，建議後續應以烤漆處理過，質感會較為細緻。

牆面踢腳板施工順序　**Step**

封一層夾板（亦可省略） → 釘槍固定踢腳板 → 批土烤漆

Step 1　封一層夾板（亦可省略）

此案局部牆面為新砌磚牆，由於完成面為烤漆，因此會先封一層夾板，但另一側牆面因完成面為薄板石材，所以磚牆砌好，接著粗胚打底，再進行粉光，粉光後即可進行踢腳板施作。

圖片提供＿ FUGE GROUP 馥閣設計集團

Step 2　以釘槍固定踢腳板

於夾板牆面、粉光牆面陸續以釘槍固定踢腳板，因水泥牆面踢腳下方後續將鋪設木地板，需預留木地板的高度。

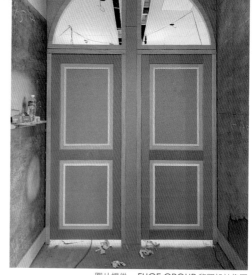

圖片提供＿FUGE GROUP 馥閣設計集團

Step 3　批土烤漆

待踢腳板與牆面線板都完成之後，先批土填補釘孔、接著再烤漆處理即可。

圖片提供＿FUGE GROUP 馥閣設計集團

Plus+　施作工序小叮嚀

☑ 由於木地板工程銜接於油漆工程後，踢腳板務必預留木地板完成面的高度，但若鋪設的是磁磚地坪，工序是先鋪好地磚，再直接讓踢腳板放置於地磚上、固定於牆面。

☑ 若遇有轉角銜接，踢腳板可採用斜 45 度做拼接，但假如遇到較為複雜的造型或是櫃體，必須思考踢腳板的進出面收邊問題。

現場監工驗收要點

☑ **留意油漆的平整度**
不論是乳膠漆或是烤漆處理，皆須注意漆面是否平整，特別是釘槍處的蚊子釘有無確實填補。

☑ **出釘處是否裸露**
以釘槍固定踢腳板的地方，留意蚊釘處的釘孔是否有偏離位置、裸露出來的狀況。

櫃體踢腳板

退縮設計在視覺有層次感，也避免踢到

搭配之工程

1 水電工程

需確認業主是否有插座、網路線、電話線等需求，在櫃體施作前先請水電延長壁面的電源，線路或許會穿越結構骨架，應避免拉扯到電線。

2 木地板工程

通常是先完成櫃體才會做木地板，如果是櫃體壓在木地板上方，一段時間後木地板熱漲冷縮，容易造成木地板拱起來。與櫃體踢腳板之間留約 5mm 的伸縮縫，以矽利康作為填縫。

3 油漆工程

除了木作完成後幫忙塗上保護漆，油漆通常是最後收尾重要的一道工序，木作若是有碰傷，都是油漆工程做修補。

施工準則

踢腳板的功能為調節地坪高低差，確保上方櫃體維持水平。

櫃體的踢腳板在視覺上不容易察覺，卻是肩負著讓櫃體能保持水平的重要部位。通常櫃體會在水泥或是磁磚地上施作，有時候若遇到拆除掉隔間牆、橫跨兩個空間的地坪，更容易有落差，高低差可以達到 2cm，因此抓水平就成為了木作櫃體很重要的一環。為了設計需求，也有視覺上更顯俐落、直接落地的櫃體形式，這時就會以木心板或夾板墊在下方去調節高度。大部分踢腳板與木地板接合時，都會以矽利康作為填縫劑，缺點是幾十年後容易脆化，因此也有做法是將上方櫃體都定位後，先做木地板，最後再封踢腳板，就能避免使用矽利康。

踢腳板作為調節上方櫃體水平的飾材，也讓維持門片與地板不相觸的距離。　　　　　　　　圖片提供＿樂創空間設計

| 板材與角料 | **Material 1：木心板**
在木作工程中是強力的支撐材料，裁剪方便，無論是條狀或是整片都有不同應用。
Material 2：實木皮
即是將樹木乾燥加工後裁切取得的木料，有天然的紋理。 |

⚙ Plus+ 選用與使用木材小叮嚀

☑ 由於夾板遇潮濕會產生吐黃，須透過上底漆來避免此情況發生。

☑ 夾板用愈多、相對底漆也跟著上愈多，可看情況分配矽酸鈣板、可彎夾板、角料材的使用。

櫃體踢腳板施工順序 Step

現場放樣 ---> 確定材料尺寸 ---> 製作支撐結構 ---> 封板 ---> 上保護漆

Step 1 現場放樣

在工地現場按照圖面尺寸，以墨斗繪製放樣圖，若現場與圖面有誤差需當場做修正。

插畫＿黃雅方

Step 2 確定材料尺寸

由於臥榻長度長達 280cm，已超出材料的長度限制，因此踢腳板需分為兩片做裁切，寬度為 6cm，也防止過長變形。

Step 3　製作支撐結構

踢腳板的上方需支撐 4 個收納櫃箱體，每個箱體下方都會設置口字型骨架，使用木心板材料裁切出合適尺寸的木條，再以釘子做結合。

插畫＿黃雅方

插畫＿黃雅方

Step 4　貼木皮

上方櫃體完成後，裁切合適大小的實木皮，以強力膠黏合。

Step 5　上保護漆

櫃體打磨後，塗上一層底漆、一層保護漆，再進行最後打磨。

Plus+　施作工序小叮嚀

☑ 在結構上通常每隔 80cm 下一隻木心板的角料，有時也會根據櫃體的分割去做支撐骨架，一般建議櫃體若超過 60cm 就必須多做一組支撐結構，依照不同的櫃型需求去調整。

☑ 動工前須先了解客戶使用習慣，確定踢腳板是否需安裝插座，安裝插座的踢腳板寬度可以設定為 10cm。

現場監工驗收要點

☑ **確認門片水平**
　踢腳板的應用是為了上方櫃體的水平調節，最直覺地確認方式就是檢查每一片門板是否在同一水平線上。

☑ **打光確認平整度和是否有表面瑕疵**
　打開燈確認木紋接合的完整度，以及表面是否有磨平整，與原本實木皮的紋理是否落差太多。

附錄 1 表面、邊角處理秘技重點

補平處理　缺陷還有救！表面補平讓人看不出破綻

秘技 1 研磨基礎平整工夫下得足

可用機器研磨也可用砂紙將表面磨，如果要檢查木皮是否有凹痕瑕疵，研磨時需順著木紋同一方向進行，紋路才不會凌亂。使用砂紙號數愈大，打磨愈細緻，上漆愈有質感。

秘技 2 做好表面「撿補」的工作

木作常以油性粉刷做裝飾，通常在整個粉刷工程進行到一個階段時，會針對局部牆面做加強整理工作，亦有撿補之稱，包含色彩不均、孔洞等細部的檢查與修補，讓立面呈現最佳彩度與效果。

R 角處理　惱人銳角不再！圓弧出動讓角度柔順許多

秘技 3 將板材邊緣銳角修整成圓角

圓角（又稱 R 角）是將銳角面修整為圓弧狀，通常用於木作櫃體、傢具……等邊緣的加工，必須使用專門的刀具來完成。常見 R1、R1.5、R2……等，R1 代表半徑 1mm 的圓弧角，R2 則為半徑 2mm 的圓弧角，數值愈大、角的弧度也愈大。

秘技 4 倒角 45 度減少過於銳利化

倒角（又稱 C 角）是將銳角去掉之意，一般是指 45 度的倒角。同樣也常見於木作櫃體、傢具……等邊緣的加工，可避免刮傷手腳的問題。常見 C1、C1.5、C2……等，C1 代表邊長 1mm 切一刀，C2 則為邊長 2mm 切一刀，數值愈大、裁切掉的三角形也就愈大。

交接面處理：異材巧碰撞！不說一點也察覺不出來

技巧 5 填色處理以避免突顯細節瑕疵

通常在進行木作工程時，嵌入玻璃處、人造石底部或固定玿璃的溝槽
處，都要刷上與週邊建樣同色的漆料才不會出現建材瑕疵，木材裸露、
黑影等，以避免造成視覺上的突兀，影響完美程度。

祕技 6 染色改變木作貼皮顏色

因應設計的考量，透過染色重新替木皮做處理，透即保留木紋，但將木
皮換了一種色，改變木皮的色系，最常出現在架高地板、臥榻要與木地
板銜接處，接縫若以木皮銜接，或染出與木皮接近色，讓整體更一致。

補平處理

圖片提供__日作空間設計

R 角處理

圖片提供__摩利橡樹室內裝修有限公司

交接面處理

圖片提供__拾隅空間設計 Angle Design Studio

附錄 2 木作工法專有名詞對照表

木作放樣　將圖面上的尺寸標示在三維空間中,以方便確認裝置的高低水平。

定高度　確認施作部位,扣除管線、散熱空間等的最後完成高度。

打版(板)　製作特殊造型的物件前,例如弧形、曲線等,或是需要準確定位的工作,例如鑽層板孔洞,為了避免裁切和定位失誤浪費材料,木工師傅通常會先丈量,再以剩料製作模板,依據模板裁切板料,或是輔助定位。

下角料　裝設天花板或壁板的內部支架結構。一般角材間距會依 3 尺 × 6 尺的板材尺寸為基準,常見 2 長 5 短的配置,2 長支架間距 3 尺,5 短支架是將 6 尺等分 5 段,間距為 1.21 尺。

吊筋　主要功能是支持天花板重量,裝設位置也決定天花平整程度。常見的吊筋材料以一支短角材加上 L 型金屬固定片或兩支組成 T 型而成,以天花板高度決定長度,再以氣壓釘槍或火藥擊釘將吊筋固定於上方樓板 RC 層,並與主支架接合。

封板　支架完成後,利用接著劑將板材與支架黏合,接著再以釘槍固定,即完成天花板或壁面的基底。

抓縫　板材與板材之間會產生接縫,若要在板材上施作面材,板材表面須呈平整狀態,此時便會在板材接縫處先填 AB 膠,利用 AB 膠填平縫隙,這個填平動作就稱為抓縫。

寄釘　「寄」是臨時託付或依附的意思,顧名思義「寄釘」就是臨時固定在某處的釘子,不是整支釘身都敲入,而只用尖端立於特定位置,木工常用此技巧定位拉直線。

附錄 3 設計公司、廠商哪裡找

FUGE GROUP 馥閣設計集團	02-2325-5019
F Studio Design Lab	0937-535-385
SOAR Design 合風蒼飛設計＋張育睿建築師事務所	04-2323-1073
Studio In2 深活生活設計	02-2393-0771
工一設計 One Work Design	02-2709-1000
日作空間設計	03-284-1606／02-2766-6101
木易樓梯扶手	0958-600-424
禾邸設計 HODDI Design	02-8751-5075
本木源基空間設計	motokilogenki@gmail.com
吉美室內裝修工程有限公司	02-2681-1619
艾馬室內裝修設計	07-715-0888
奇逸空間設計	02-2755-7255
亞菁設計	02-6620-6760
拾隅空間設計 Angle Design Studio	02-2523-0880
御坊室內裝修規劃設計	02-2297-8610
敘研設計	02-2343-2183
開物設計 Ahead Concept	02-2700-7697
竣恩創意空間制作	jn.interior.d@gmail.com
奧立佛 × 竺居聯合設計	07-222-9568
演拓空間室內設計	02-2766-2589
構設計	02-8913-7522
摩利橡樹室內裝修有限公司	02-8771-5958
層層設計	02-2608-6530
樂創空間設計	04-2623-4567
澄橙設計	02-2659-6906
頤樂空間設計	07-364-3442

SOLUTION 139

超圖解！木作工法百科

從基礎到進階工法，按流程照步驟逐一拆解，
施作要點×監工細節×設計一次到位

國家圖書館出版品預行編目 (CIP) 資料

超圖解！木作工法百科：從基礎到進階工法，按流程
照步驟逐一拆解，施作要點 × 監工細節 × 設計一次
到位 / 漂亮家居編輯部作 . -- 初版 . -- 臺北市：城邦文
化事業股份有限公司麥浩斯出版：英屬蓋曼群島商家
庭傳媒股份有限公司城邦分公司發行 , 2022.07
　　面；　公分 . -- (Solution ; 139)
ISBN 978-986-408-834-8 (平裝)

1.CST: 室內設計　2.CST: 施工管理　3.CST: 木工

441.52　　　　　　　　　　　　　　　111009422

審訂	石德誠
作者	漂亮家居編輯部
責任編輯	余佩樺
封面設計	pearl
美術設計	pearl、sophia、詹淑娟
採訪編輯	賴姿穎、田瑜萍、李與真、李芮安、林琬真、吳念軒、 劉繼珩、Cheng、Jessie、Evan、April、Acme

發行人	何飛鵬
總經理	李淑霞
社長	林孟葦
總編輯	張麗寶
叢書主編	許嘉芬
行銷助理	范芷菱

出版	城邦文化事業股份有限公司麥浩斯出版
地址	115 台北市南港區昆陽街 16 號 7 樓
電話	02-2500-7578
傳真	02-2500-1916
E-mail	cs@myhomelife.com.tw

發行	英屬蓋曼群島商家庭傳媒股份有限公司城邦分公司
地址	115 台北市南港區昆陽街 16 號 5 樓
讀者服務電話	0800-020-299（週一至週五 AM09：30 ～ 12:00；PM01：30 ～ PM05：00）
讀者服務傳真	02-2517-0999
E-mail	service@cite.com.tw
劃撥帳號	1983-3516
劃撥戶名	英屬蓋曼群島商家庭傳媒股份有限公司城邦分公司

香港發行	城邦（香港）出版集團有限公司
地址	香港九龍土瓜灣土瓜灣道 86 號順聯工業大廈 6 樓 A 室
電話	852-2508-6231
傳真	852-2578-9337

馬新發行	城邦（馬新）出版集團 Cite(M) Sdn.Bhd.
地址	41, Jalan Radin Anum, Bandar Baru Sri Petaling, 57000 Kuala Lumpur, Malaysia.
電話	603-9057-8822
傳真	603-9057-6622

總經銷	聯合發行股份有限公司
電話	02-2917-8022
傳真	02-2915-6275

製版印刷	凱林彩印股份有限公司
版次	2022 年 7 月初版
	2023 年 8 月二刷
	2024 年 9 月三刷

定價	新台幣 800 元整